Franzis Computer-Bibliothek

Rudolf Busch
Susanne Busch

Basic: Matrix-Operationen

Eine Software-Sammlung in Basic
Vom Datenfeld zur linearen Programmierung

Mit 9 Abbildungen

Franzis'

Franzis-Computer-Bibliothek, Band 2

CIP-Kurztitelaufnahme der Deutschen Bibliothek

Busch, Rudolf:
BASIC: Matrix-Operationen: e. Software-Sammlung
in BASIC / Rudolf Busch; Susanne Busch. – München:
Franzis, 1984.
(Franzis-Computer-Bibliothek, Bd. 2)
ISBN 3-7723-7441-7
NE: Busch, Susanne:; GT

Satz: Composer-Satz Nowak, 1837 Berg/Starnberger See
Druck: Franzis-Druck GmbH, Karlstraße 35, 8000 München 2
Printed in Germany æ Imprimé en Allemagne

ISBN 3-7723-7441-7

Busch
Basic: Matrix-Operationen

In der Reihe
Franzis Computer-Bibliothek
sind erschienen:

Busch, Basic: Dateien, Listen und Verzeichnisse
Busch, Basic: Sortierprogramme

Vorwort

In diesem Band werden wir uns ausschließlich mit Matrizen beschäftigen, und zwar unter zwei Gesichtspunkten.

Erstens:
Wir betrachten eine Matrix als ein Feld (beliebiger) Daten und „behandeln" dieses mit einfachen Basic-Kommandos und -Statements, um es zu einem neuen Datenfeld umzuformen.

Zweitens:
Wir verwenden Matrix-Operationen zur Lösung bestimmter Rechenaufgaben. Hierzu müssen Sie wissen, daß das „Matrizen-Rechnen" in der Mathematik schon angewendet wurde, als es noch gar keine Computer gab.

Für diesen zweiten Teil wird meine Tochter Susanne den fachlichen Input liefern. Ich erwähne das hier nicht nur aus Gründen des Copyright oder aus Vaterstolz. Vielmehr möchte ich daran einen Ratschlag für Sie anknüpfen:

Wollen Sie mit Basic ein Problem lösen, dessen Hintergrund – sei er physikalischer, mathematischer oder anderer Natur – Sie nicht kennen, dann suchen Sie sich diesen Hintergrund irgendwo zusammen. Dieses „Irgendwo" kann ein Physik- oder Mathematikbuch sein; besser ist Jemand, der Ihnen die Zusammenhänge erklären kann.

Meine Tochter kann (noch) nicht programmieren und ich hatte längst alles vergessen, was ich vor vielen Jahren einmal zu diesem Thema gehört hatte – wobei ich gar nicht sicher bin, ob ich es damals überhaupt verstanden hatte.

Ziel unserer Zusammenarbeit ist es, Ihnen zunächst die wichtigsten Grundlagen der Matrizenrechnung nahezubringen. Anschließend werden Sie daraus Basic-Programme erarbeiten, mit denen Sie ebenso vertrackte wie interessante Aufgaben lösen werden.

Ich bin sicher, daß die Basic-Enthusiasten um vielseitige Programmiertechniken bereichert werden. Und ehe sich die Mathematiker mit Grausen abwenden: ein neues Mathematikbuch wollten wir nicht zuwege bringen.

Wichtiger Hinweis

Die in diesem Buch wiedergegebenen Schaltungen und Verfahren werden ohne Rücksicht auf die Patentlage mitgeteilt. Sie sind ausschließlich für Amateur- und Lehrzwecke bestimmt und dürfen nicht gewerblich genutzt werden*).
Alle Schaltungen und technischen Angaben in diesem Buch wurden vom Autor mit größter Sorgfalt erarbeitet bzw. zusammengestellt und unter Einschaltung wirksamer Kontrollmaßnahmen reproduziert. Trotzdem sind Fehler nicht ganz auszuschließen. Der Verlag sieht sich deshalb gezwungen, darauf hinzuweisen, daß er weder eine Garantie noch die juristische Verantwortung oder irgendeine Haftung für Folgen, die auf fehlerhafte Angaben zurückgehen, übernehmen kann. Für die Mitteilung eventueller Fehler sind Autor und Verlag jederzeit dankbar.

---

*) Bei gewerblicher Nutzung ist vorher die Genehmigung des möglichen Lizenzinhabers einzuholen.

Inhalt

1 Was ist eine Matrix?

Wie bereits im Vorwort erwähnt, wollen wir zunächst eine Matrix als ein Feld beliebiger Daten verstehen.

In diesem Sinne können Sie jede Liste oder Tabelle als Matrix, als Feld von Daten auffassen.

- Statt Matrix oder Datenfeld finden Sie gelegentlich auch die (englische) Bezeichnung „Array“.

Demnach würde auch die *Abb. 1* eine Matrix darstellen.

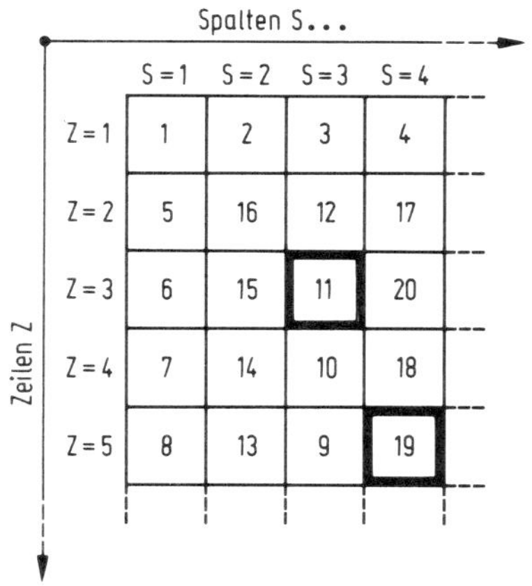

Abb. 1

Lernen Sie für den Umgang mit Matrizen und Basic daraus zunächst die wichtigsten Regeln:

- Eine Matrix ist **Z**eilen- und **S**paltenweise geordnet.
  - Die Matrix der Abb. 1 hat
    5 *Z*eilen und
    4 *S*palten.

- Alle Elemente der Matrix erhalten in Basic den *gleichen* (Variablen) *Namen*; z. B. „A"
- Man unterscheidet die einzelnen Matrixelemente voneinander, indem man ihre Stellung innerhalb der Matrix angibt.
  – Also: A (in **Z**eile. . . ., in **S**palte. . .)

Um für Sie – und den Computer – Mißverständnissen vorzubeugen, nennt man:

- **Z**uerst die Position in der **Z**eile
- **S**päter (danach) die Position in der **S**palte
- Allgemein heißt also ein Matrix-Element mit dem Namen A:
  A (Z, S)
- Das Element mit dem Wert 11 in Abb. 1 steht in der dritten Zeile und in der dritten Spalte.
  A (3,3) = 11
- Sinngemäß ist dann:
  A (5,4) = 19

2 Sie füttern Ihren Computer mit einer Matrix

Auch das ist eine Matrix:

1	2	3	4
4	3	2	1
5	6	7	8
8	7	6	5

Da die Matrix 4 Zeilen und 4 Spalten hat, dürfen Sie diese von nun an eine „4 x 4-Matrix" nennen.

In dem folgenden Programm finden Sie einen Weg, Ihrem Computer die obige Matrix anzuvertrauen.

Es ist „benutzerfreundlich" aufgebaut und läßt ein paar Regeln erkennen, an die Sie sich künftig halten sollten:

- Da Sie die Größe der Matrix kennen, können Sie Ihrem Computer in den Zeilen 40 und 50 die Zahl der **Z**eilen und die der **S**palten zunächst einmal verraten.

- Sodann müssen Sie – bitte nie wieder vergessen! – im Arbeitsspeicher Ihres Computers Platz für die einzugebende Matrix reservieren. Sie tun das mit Zeile 60; Sie DIMensionieren dort für die Variable A Z mal S – im Beispiel 4 x 4 – Speicherplätze.

- Wie Sie aus dem weiteren Verlauf des Programms erkennen, erfolgt die Eingabe der Matrix-Elemente in zwei verschachtelten FOR. . . NEXT . . .-Schleifen. Und zwar – zum „Mitschreiben":

  – Für die Zeile 1

    Wert für Spalte 1 ?
    Wert für Spalte 2 ?
    Wert für Spalte 3 ?
    Wert für Spalte 4 ?

Diese Fragen Ihres Computers beantworten Sie also der Reihe nach mit 1 – 2 – 3 – 4

– Damit ist die erste Schleife *FOR J = 1 TO S* abgearbeitet, das Programm fährt über Zeile 150 sein Verhör fort mit:

– Für die Zeile 2 usw.

Haben Sie alles richtig eingegeben, geht das Programm in den READY-Zustand – Sie haben schließlich nicht gesagt, was der Computer mit der eingegebenen Matrix anstellen soll.

Wenn Sie jetzt noch das Programm um die Zeilen 200 bis 240 ergänzen, können Sie das Programm neu starten. . .
die Matrix noch einmal eingeben. . . .

- und Sie erhalten die Matrix so fein geordnet auf Ihrem Bildschirm ausgegeben, wie Sie zu Beginn dieses Kapitels abgedruckt ist.

Verkneifen Sie sich bitte die Frage nach dem Sinn dieser Übung noch für eine Weile!

```
10 REM EINGABE EINER 4X4-MATRIX
20 REM AUS NUMERISCHEN VARIABLEN
30 CLS
40 Z=4
50 S=4
60 DIM A(Z,S)
70 FOR I=1 TO Z
80 PRINT"FUER DIE ZEILE :";I
90 PRINT"========================":PRINT
100 FOR J=1 TO S
110 PRINT"WERT.FUER SPALTE :";J;
120 INPUT A(I,J)
130 NEXT J
140 CLS
150 NEXT I

190 REM AUSGABE DER 4X4-MATRIX
200 FOR I=1 TO Z
210 FOR J=1 TO S
220 PRINT A(I,J),
230 NEXT J
240 NEXT I
```

Betrachten Sie dafür die folgende Matrix:

A	B	C	D
D	C	B	A
F	G	H	J
J	H	G	F

Das Programm für die Eingabe dieser Matrix finden Sie unten. Wenn Sie es „Wort für Wort“ mit dem ersten vergleichen, erkennen Sie Gemeinsamkeiten und Unterschiede !

- **WICHTIG** ! Da Sie es hier mit STRING's zu tun haben, beachten Sie Zeile 35; hier machen Sie *vor* dem DIMensionieren zunächst einmal Platz für (100) Strings frei !

```
10 REM EINGABE EINER 4X4-MATRIX
20 REM AUS STRING-VARIABLEN
30 CLS
35 CLEAR 100
40 Z=4
50 S=4
60 DIM A$(Z,S)
70 FOR I=1 TO Z
80 PRINT"FUER DIE ZEILE :";I
90 PRINT"========================":PRINT
100 FOR J=1 TO S
110 PRINT"WERT FUER SPALTE :";J;
120 INPUT A$(I,J)
130 NEXT J
140 CLS
150 NEXT I

190 REM AUSGABE DER 4X4-MATRIX
200 FOR I=1 TO Z
210 FOR J=1 TO S
220 PRINT A$(I,J),
230 NEXT J
240 NEXT I
```

Wie gefällt Ihnen folgende Matrix?

1	A	2	B
3	C	4	D
5	E	6	F
7	G	8	H

Dieses aus Strings und numerischen Daten „gemischte" Feld können Sie mit dem vorigen Programm eingeben; der Computer betrachtet dann auch die numerischen Variablen (wie „3" oder „8") als Strings. Wichtig für Sie ist:

- in *einer* Matrix können numerische Variable und Stringvariable enthalten sein.
- Den *Typ* der Variablen (numerische oder String-) können Sie nur in den *Spalten* verändern.
- Eine Zeile Strings, dann eine Zeile numerische Variablen – das macht keinen Sinn!

Sehen Sie hier noch eine gemischte 4x4-Matrix:

1	BACH	123	KIEL
2	BAUM	456	KOELN
3	BUSCH	789	BONN
4	BALD	101	BONN

Das sieht doch schon fast nach „Datenverarbeitung" aus?

Das Programm für die Ein- und Ausgabe dieser Matrix finden Sie hier:

```
10 REM EINGABE EINER 4X4-MATRIX
20 REM AUS NUMERISCHEN UND STRING-
30 REM VARIABLEN "GEMISCHT"
40 CLS
50 CLEAR 100
60 Z=4
70 S=4
80 DIM A(Z,S):DIM A$(Z,S)
90 FOR I=1 TO Z
100 PRINT"FUER DIE ZEILE:";I
110 PRINT"========================================":PRINT
120 INPUT"NUMMER=";A(I,1)
130 INPUT"NAME=";A$(I,2)
140 INPUT"TELEFON=";A(I,3)
150 INPUT"WOHNORT=";A$(I,4)
160 CLS
170 NEXT I

190 REM AUSGABE DER 4X4-MATRIX
200 FOR I= 1 TO Z
210 PRINT A(I,1),A$(I,2),A(I,3),A$(I,4)
220 NEXT I
```

Beachten Sie die Unterschiede zu den vorigen Programmen:

- Stringvariable und numerische Variable sind in Zeile 80 getrennt DIMensioniert.
- Im Eingabeteil haben wir jetzt:

  In Spalte **1** die numerische Variable A (I, **1**) („Nummer“)
  In Spalte **2** den String A$ (I, **2**) („Name“)
  In Spalte **3** die numerische Variable A (I, **3**) („Telefon“)
  In Spalte **4** den String A$ (I, **4**) („Wohnort“)

  Wobei I immer auf die aktuelle *Zeile* hinweist.
- Analog zum Eingabeteil heißt es bei der Ausgabe jetzt nicht mehr . . . PRINT A$ (I, **J**), sondern A (I, 1), A$ (I, 2) usw.

3 Weitere Matrix-Eingabetechniken

3.1 Aus einer DATA-Liste wird eine Matrix

Aus unseren bisherigen Beispielen können wir zwei gemeinsame Merkmale festhalten:

- Die Größe der einzugebenden Matrix war zu Anfang bekannt; durch Festlegen von Z und S ließ sich die Matrix korrekt dimensionieren.
- Die Eingabe der Matrix-Elemente erfolgte über INPUT. .

Sie werden jetzt ein Programm kennenlernen, in dem sich der Computer aus einer eingegebenen DATA-Liste die Matrix selbstständig dimensioniert und aufstellt.

Im vorigen Beispiel hatten wir es mit einer Matrix zu tun, die wie folgt gegliedert war:

Spalte 1	Spalte 2	Spalte 3	Spalte 4
Nummer	Name	Telefon	Wohnort

- Ganz gleichgültig, wieviele Namen Sie auf diese Art und Weise eingeben wollen: die Zahl der **S**palten bleibt in diesem Beispiel immer 4; offen ist die Anzahl der **Z**eilen, weil diese davon abhängt, für wieviele Personen Sie Daten eingeben.
- Nennen Sie den Inhalt einer Zeile einen „Daten-Satz", dann wird dieser „Satz" 4 Daten umfassen.

Von dieser Überlegung geht unser nächstes Programm aus; es kleidet die Frage nach der Spaltenzahl für die aufzustellende Matrix in den Satz:

„Wieviele Daten / Satz?" (Zeilen 20, 40)

Nach einem Blick auf die DATA-Liste können Sie diese Frage mit 4 beantworten, weil wir in jeder DATA-Zeile einen Datensatz untergebracht haben.

In den Zeilen 15, 50 und 60, 80 zählt der Computer, wieviele Daten in der Liste enthalten sind. Um Fehlermeldungen zu vermeiden, haben Sie mit ihm vereinbart, daß er solange zählen soll, bis er auf A=999 trifft. (Zeile 70). Ist das der Fall, geht er in die Zeile 90, um die gültige Zahl der Daten zu finden.

- Einschließlich 999 hatte er 17 Daten gezählt. . .
  In Zeile 90 zieht er davon 1 ab, und erhält 16; die Zahl der Daten.
- Da er die Zahl der Spalten schon von Ihnen erfragt hat, kann er sich die Zahl der Zeilen selbst ausrechnen:
  Zahl der Zeilen = Zahl der Daten/Zahl der Spalten! (Zeile 100)
  Damit ist Ihr Apparat in der Lage, die noch aufzustellende Matrix selbst in Zeile 110 zu dimensionieren.
- Nach Rücksetzen des Datenzeigers (Zeile 120) beginnt die eigentliche „Arbeit“ erst in den Zeilen 180 bis 200.
- Damit Sie sich davon überzeugen können, daß meine Beschreibung zu der gewünschten Matrix führt, habe ich Zeile 210 eingefügt; diese druckt die Matrix gleich aus.

```
10 CLS
15 N=0
16 REM FRAGE NACH DER SPALTENZAHL IN 20
20 PRINT"WIEVIEL DATEN / SATZ ?";
40 INPUT S
45 REM LESEN DER DATEN-ANZAHL IN 50/80
50 READ A
60 N=N+1
70 IF A=999 THEN 90
80 GOTO 50
90 N=N-1
100 Z=N/S
105 REM DIMENSIONIEREN DER MATRIX
110 DIM A(Z,S)
115 REM RUECKSETZEN DES DATENZEIGERS
120 RESTORE
130 CLS
```

```
140 PRINT"DIE MATRIX AUS ";Z;" ZEILEN"
150 PRINT"UND ";S;" SPALTEN LAUTET :"
160 PRINT"======================================="
170 PRINT
180 FOR I=1 TO Z
190 FOR J=1 TO S
200 READ A(I,J)
210 PRINT A(I,J),
220 NEXT J
230 NEXT I
900 REM DATENLISTE AB 1000
1000 DATA 1,2,3,4
1010 DATA 9,8,7,6
1020 DATA 10,20,30,40
1030 DATA 90,80,70,60
1040 DATA 999
```

3.2 Aus einer Reihe von Daten wird eine Matrix

In dem folgenden Programm geht es darum, aus einer „Reihe" von – im Beispiel – 16 Stringvariablen mit dem Namen A$ (1) bis A$ (16) eine 4x4-Matrix zu machen mit den Elementen B$ (1,1) bis B$ (4,4).

Im Eingabeteil – Zeilen 80 bis 200 – werden die Daten nacheinander eingegeben. Vorher haben Sie in Zeile 50 die Spaltenzahl der gewünschten Matrix mit 4 eingegeben.

Der Abbruch der Eingabe, das Ermitteln der Daten und das Dimensionieren der gewünschten Matrix geschieht ähnlich, wie das schon im vorigen Programm gemacht wurde.

Das eigentliche Verwandeln der „Reihe" in eine Matrix geschieht in den Zeilen 250 bis 300.

- Betrachten Sie die Zeile 280!

  280 M = (I–1)*S+J

- Nehmen Sie an, Sie wären in den beiden Schleifen 250/260 jeweils auf der ersten Position. Dann ist:
  I = 1
  J = 1
  S = 4
  Dann wird M zu: (1–1)*4+1; das ergibt 1

Also wird aus A$ (1) das Matrix-Element B$ (1,1)

- nächstes Beispiel:
  I = 2
  J = 2
  S = 4
  Dann wird M zu: (2–1)*4+2; das ergibt 6

Also wird aus A$ (6) das Matrix-Element B$ (2,2)

- letztes Beispiel:
  I = 4
  J = 4
  S = 4
  Dann wird M zu: (4–1)*4+4; das ergibt 16

Also wird aus A$ (16) das Matrix-Element B$ (4,4)

Das klappt doch ganz gut?

Übrigens: der Spieß läßt sich auch umdrehen! Wenn Sie eine vorhandene Matrix zeilenweise in eine „Reihe" von Daten umwandeln – und ausgeben – wollen, dann können Sie die Routine aus den Zeilen 250 bis 300 für die Umwandlung verwenden, wenn Sie Zeile 280 einfach „umdrehen" zu:

280 A$ (M) = B$ (I, J)

Es versteht sich, daß Sie beide Übungen auch mit numerischen Variablen machen können. Versuchen Sie's!

```
10 CLS
20 CLEAR 1000
30 DIM A$(100)
35 REM FRAGE NACH DER SPALTENZAHL IN 40
40 PRINT"WIEVIELE DATEN / SATZ ?";
50 INPUT S
60 CLS
70 A=1
75 REM EINGABE DER DATEN ALS A$(I)
80 FOR I=1 TO 100
90 PRINT"DATENSATZ :";A
100 PRINT"================="
110 INPUT"NAME =";A$(I)
115 REM ABBRUCH DER EINGABE BEI 'ENDE'
```

```
120 IF A$(I)="ENDE" THEN 220
130 I=I+1
140 INPUT"WOHNORT=";A$(I)
150 I=I+1
160 INPUT"STRASSE=";A$(I)
170 I=I+1
180 INPUT"BERUF=";A$(I)
190 A=A+1
200 CLS
210 NEXT I
220 N=I-1
225 REM DIMENSIONIERUNG DER MATRIX B$(Z,S)
230 Z=N/S
240 DIM B$(Z,S)
245 REM ERZEUGEN DER MATRIX AUS DEN STRINGS A$(I)
246 REM IN ZEILEN 250 BIS 300
250 FOR I=1 TO Z
260 FOR J=1 TO S
270 M=(I-1)*S+J
280 B$(I,J)=A$(M)
290 NEXT J
300 NEXT I
305 REM AUSGABE AB 310
310 CLS
320 PRINT"NAME","WOHNORT","STRASSE","BERUF"
330 PRINT"=========================================="
340 FOR I=1 TO Z
350 FOR J=1 TO S
360 PRINT B$(I,J),
370 NEXT J
380 NEXT I
```

3.3 Die Zahl der Datensätze ist unbekannt

Das folgende Beispiel unterstellt, daß Sie zu Beginn die Anzahl der Datensätze – das entspricht der Zeilenzahl der zu bildenden Matrix – noch nicht kennen.

Sie dimensionieren dann in Zeile 50 auf „Verdacht" einmal 100 Zeilen, könnten dann also bis zu 100 Datensätze eingeben.

Stellen Sie nach Eingabe des 11-ten Datensatzes fest, daß das der letzte war, beantworten Sie die nächste Frage des Computers
NAME = ?
mit ENDE, und schon ist die Sache gelaufen; der Computer zaubert Ihnen – in diesem Falle – ein 11x4-Matrix auf den Bildschirm.

```
10 CLS
20 CLEAR 1000
30 PRINT"ANZAHL DER DATEN / SATZ ?";
40 INPUT S
45 REM DIMENSIONIEREN VON 100 ZEILEN
46 REM "AUF VORRAT"
50 DIM A$(100,S)
60 FOR I=1 TO 100
70 CLS
80 PRINT"FUER DEN DATENSATZ ";I
90 PRINT"============================"
100 INPUT"NAME =";A$(I,1)
105 REM ABBRUCH DER EINGABE BEI 'ENDE'
110 IF A$(I,1)="ENDE" THEN 160
120 INPUT"WOHNORT =";A$(I,2)
130 INPUT"STRASSE =";A$(I,3)
140 INPUT"BERUF =";A$(I,4)
150 NEXT I
155 REM DIE ANZAHL DER AKTUELLEN ZEILEN IST N
160 N=I-1
170 CLS
180 PRINT"NAME","WOHNORT","STRASSE","BERUF"
190 PRINT"=============================================="
195 REM ACHTUNG ! ZEILENZAHL IST N,NICHT Z !
200 FOR I=1 TO N
210 FOR J=1 TO S
220 PRINT A$(I,J),
230 NEXT J
240 NEXT I
```

4 Ausgebereien

Bisher hatten wir es immer nur mit 4x4-Matrizen zu tun. Dafür gibt es einen einfachen Grund: die meisten Home-Computer verfügen über die Fähigkeit, 4 Spalten zu drucken; man muß dazu nur ein Komma setzen. Wenn Sie mal zu den früheren Programmen zurückblättern, werden Sie in der Ausgabe-„Formel" immer finden:

. . . PRINT A (I, J),

. . . und das Komma am Ende der Zeile macht's!

Es gibt natürlich keinen Grund, warum man nicht Matrizen mit mehr oder weniger als 4 Spalten bearbeiten könnte.

- Bei der Matrix-Eingabe bestimmen Sie die gewünschte Spaltenzahl einfach durch einen entsprechenden Wert für S.

- Für die Matrix-*Ausgabe* können Sie die folgenden „Formeln" einsetzen.

- Bei mehr als 4 Spalten müssen Sie also mit PRINT TAB (. . .) arbeiten. Setzen Sie das vernünftig ein! Berücksichtigen Sie (bei Stringvariablen) die Länge der Strings und – vor allem – das Zeilenformat Ihrer Maschine! (Wieviel Zeichen/Zeile bringt „Er" auf den Schirm?)

```
AUSGABE-ROUTINE FUER EINE 2-SPALTEN-MATRIX
==========================================


100 FOR I=1 TO Z
110 PRINT A(I,1),A(I,2)
120 NEXT I
```

```
AUSGABE-ROUTINE FUER EINE 3-SPALTEN-MATRIX
==========================================


100 FOR I=1 TO Z
110 PRINT A(I,1),A(I,2),A(I,3)
120 NEXT I
```

```
AUSGABE-ROUTINE FUER EINE 4-SPALTEN-MATRIX
==========================================


100 FOR I=1 TO Z
105 FOR J=1 TO 5
110 PRINT A(I,J),
120 NEXT J:NEXT I
```

```
AUSGABEROUTINE FUER EINE 5-SPALTEN-MATRIX
==========================================


100 FOR I=1 TO Z
110 PRINT TAB(0)A(I,1);TAB(5)A(I,2);TAB(10)A(I,3);
115 PRINT TAB(15)A(I,4);TAB(20)A(I,5)
120 NEXT I
```

```
AUSGABEROUTINE FUER EINE N-SPALTEN-MATRIX
==========================================


100 FOR I=1 TO Z
110 LPRINT TAB(0)A(I,1);TAB(5)A(I,2)....TAB(X)A(I,N)
120 NEXT I
```

Es folgen nun einige Programme, mit denen Sie in Matrizen herumsuchen können. Da Sie inzwischen schon ein wenig geübt sind und ich ganz gegen meine sonstige Gewohnheit die Programme ausgiebig mit REM's gespickt habe, sind weitere Erklärungen wohl nicht mehr notwendig.

Vielleicht noch eine: wenn Sie mit den Programmen arbeiten, lassen Sie alle REM's aus Ihrem Programm raus; das belegt nur unnötig Speicherplatz!

Sie suchen ein bestimmtes Matrix-Element

```
10 CLS
15 REM EINGABE EINER 4X4-MATRIX IN 40 BIS 110
20 Z=4:S=4
30 DIM A(Z,S)
40 FOR I = 1 TO Z
50 PRINT"FUER DIE ZEILE ";I
60 FOR J=1 TO S
70 PRINT"WERT DER SPALTEN ";J;
80 INPUT A(I,J)
90 NEXT J
100 CLS
110 NEXT I
120 CLS
130 PRINT"WELCHES ELEMENT WOLLEN SIE SEHEN ?"
140 PRINT"GEBEN SIE ZUERST DEN ZEILEN-,"
150 PRINT"DANACH DEN SPALTENINDEX EIN !"
155 REM EINGABE DER INDICES FUER DAS
156 REM GESUCHTE MATRIX-ELEMENT
160 INPUT X,Y
170 CLS
175 REM AUSGABE DES GESUCHTEN ELEMENTES
180 PRINT"DAS MATRIX-ELEMENT ";"A(";X;",";Y;")"
190 PRINT"HAT DEN WERT :";A(X,Y)
```

Sie prüfen, ob ein bestimmter Wert (oder String) in Ihrer Matrix enthalten ist

```
10 CLS
20 REM EINGABE EINER 4X4-MATRIX IN 40 BIS 110
30 Z=4:S=4
40 DIM A(Z,S)
50 FOR I = 1 TO Z
60 PRINT"FUER DIE ZEILE ";I
70 FOR J=1 TO S
80 PRINT"WERT DER SPALTEN ";J;
90 INPUT A(I,J)
100 NEXT J
110 CLS
120 NEXT I
130 CLS
140 PRINT"WELCHEN WERT SUCHEN SIE ?";
145 REM EINGABE DER GESUCHTEN ZAHL
150 INPUT X
```

```
160 CLS
170 FOR I=1 TO Z
180 FOR J=1 TO S
185 REM PRUEFUNG, OB X IN DER MATRIX ENTHALTEN
190 IF A(I,J)=X THEN 260
200 NEXT J
210 NEXT I
220 CLS
225 REM ZAHL NICHT IN MATRIX
230 PRINT"DIE EINGEGEBENE ZAHL ";X
240 PRINT"IST IN DER MATRIX N I C H T ENTHALTEN !"
250 END
255 REM ZAHL GEFUNDEN,AUSGABE AB 260
260 PRINT"DIE EINGEGEBENE ZAHL ";X
270 PRINT"IST IN DER MATRIX ENTHALTEN."
280 PRINT:PRINT
290 PRINT"SIE STEHT IN ZEILE :";I
300 PRINT"..............SPALTE:";J
```

Aus einer Matrix soll eine bestimmte Zeile ausgegeben werden

```
10 CLS
20 REM EINGABE EINER 4X4-MATRIX IN 40 BIS 110
30 Z=4:S=4
40 DIM A(Z,S)
50 FOR I = 1 TO Z
60 PRINT"FUER DIE ZEILE ";I
70 FOR J=1 TO S
80 PRINT"WERT DER SPALTEN ";J;
90 INPUT A(I,J)
100 NEXT J
110 CLS
120 NEXT I
130 CLS
140 PRINT"WELCHE ZEILE SOLL AUSGEGEBEN WERDEN ?"
145 REM ZEILE I SOLL AUSGEGEBEN WERDEN
150 INPUT I
155 REM SIND I ZEILEN VORHANDEN ?
160 IF I>Z THEN PRINT"DIE MATRIX HAT KEINE ";I;" ZEILEN !":END
170 CLS
175 REM ZEILE I WIRD AUSGEGEBEN
180 PRINT"DIE ZEILE ";I;" LAUTET :"
190 FOR J=1 TO S
200 PRINT A(I,J),
210 NEXT J
```

Aus einer Matrix soll eine bestimmte Spalte ausgegeben werden

```
10 CLS
20 REM EINGABE EINER 4X4-MATRIX IN 40 BIS 110
30 Z=4:S=4
40 DIM A(Z,S)
50 FOR I = 1 TO Z
60 PRINT"FUER DIE ZEILE ";I
70 FOR J=1 TO S
80 PRINT"WERT DER SPALTEN ";J;
90 INPUT A(I,J)
100 NEXT J
110 CLS
120 NEXT I
130 CLS
140 PRINT"WELCHE SPALTE SOLL AUSGEGEBEN WERDEN ?"
145 REM SPALTE J SOLL AUSGEGEBEN WERDEN
150 INPUT J
155 REM IST SPALTE J VORHANDEN ?
160 IF J>S THEN PRINT"DIE MATRIX HAT KEINE ";J;" SPALTEN":END
170 CLS
175 REM SPALTE J WIRD AUSGEGEBEN
180 PRINT"DIE SPALTE ";J;" LAUTET :"
190 FOR I=1 TO Z
200 PRINT A(I,J)
210 NEXT I
```

5 Matrizen in der Datenverarbeitung

5.1 Sortieren . . . Sortieren!

Nehmen Sie an, es liegt Ihnen folgende Liste vor:

NAME	WOHNORT	KONFESS.–	STAND
Bach	Essen	EV	1
Weber	Essen	K	1
Merzdorf	Kiel	K	2
Wilke	Hagen	EV	2
Ahlers	Hagen	EV	2
Wemmel	Köln	K	1
Renner	Köln	EV	2
Dunker	Bonn	K	1

So; für Übungszwecke ist die Liste lang genug!

In der Liste bedeuten:

EV = evangelisch
K = katholisch
1 = verheiratet
2 = ledig

Unsere gemeinsame Aufgabe wird sein, ein Programm zu entwerfen, das:

- Die Daten als 8x4-Matrix in den Computer eingibt
- Die Ausgabe von 3 Listen erlaubt, die wie folgt beschaffen sind:

  – *Liste 1*
  darin sind die Daten schlicht nach dem Namen sortiert

- *Liste 2*
  Diese Liste soll nach Konfession sortiert sein; die evangelischen Menschen kommen zuerst.
  Innerhalb jeder Konfessionen-Gruppe sollen die Namen wieder alphabetisch sortiert; also Herr Ahlers vor Herrn Bach aufgeführt sein usw.
- *Liste 3*
  Im ersten Teil dieser Liste sollen nur Namen und Wohnort der Verheirateten, im zweiten Teil Namen und Wohnort der Ledigen stehen. Natürlich jeweils wieder alphabetisch sortiert!

- Über ein „Menue" soll beliebig jeder der drei Listen abgerufen werden können.

Wenn Sie mitgezählt haben, so soll also 5 mal sortiert werden!

Am Ende dieses Riesenwerkes werden Sie bestimmt die Vorteile der Matrizentechnik zu würdigen wissen.

Ich schlage vor, daß Sie das Programm erst einmal eintippen; ich erkläre es Ihnen dann Schritt für Schritt.

```
EINGABE DER MATRIX
10 CLS
20 CLEAR 1000
30 INPUT"WIEVIELE DATENSAETZE";Z
40 INPUT"WIEVIELE DATEN/SATZ";S
50 DIM A$(Z,S)
60 CLS
70 FOR I=1 TO Z
80 PRINT"EINGEBEN FUER DATENSATZ ";I
90 FOR J=1 TO S
100 INPUT"NAME";A$(I,1)
110 INPUT"WOHNORT";A$(I,2)
120 INPUT"KONFESSION";A$(I,3)
130 INPUT"FAM.-STAND";A$(I,4)
140 CLS
150 NEXT I
MENUE
160 CLS
170 PRINT"PROGRAMMAUSWAHL"
180 PRINT"==============="
190 PRINT"...NACH NAMEN.........................1"
200 PRINT"...NACH KONFESSION....................2"
210 PRINT"...NACH FAM.-STAND....................3"
```

```
220 PRINT:PRINT:PRINT
230 PRINT"DRUECKEN SIE DIE KENNZIFFER"
240 PRINT"DANACH 'RETURN"
250 INPUT Q
260 ON Q GOTO 270,390,530
SORT NACH SPALTE K=1
270 K=1
280 GOSUB 800
290 CLS
AUSGABE LISTE 1
300 PRINT"NAME","WOHNORT","KONFESS.","FAM-STAND"
310 PRINT"======================================="
320 FOR I=1 TO Z
330 FOR J=1 TO S
340 PRINT A$(I,J),
350 NEXT J:NEXT I
360 PRINT"BITTE 'RETURN' DRUECKEN !"
370 INPUT Q
380 CLS:GOTO 170
SORT NACH SPALTE K=1
DANACH NACH SPALTE K=3
390 K=1
400 GOSUB 800
410 K=3
420 GOSUB 800
430 CLS
AUSGABE LISTE 2
440 PRINT"NAME","WOHNORT","KONFESS.","FAM-STAND"
450 PRINT"======================================="
460 FOR I=1 TO Z
470 FOR J=1 TO S
480 PRINT A$(I,J),
490 NEXT J:NEXT I
500 PRINT"BITTE 'RETURN' DRUECKEN !"
510 INPUT Q
520 CLS:GOTO 170
SORT NACH SPALTE K=4
DANACH NACH SPALTE K=1
530 K=4
540 GOSUB 800
550 K=1
560 GOSUB 800
570 CLS
AUSGABE LISTE 3
580 PRINT"IN DER LISTE SIND VERHEIRATET:"
590 PRINT
```

```
600 PRINT"NAME","WOHNORT"
610 PRINT"========================================"
620 FOR I=1 TO Z
630 IF A$(I,4)="1" THEN 650
640 GOTO 660
650 PRINT A$(I,1),A$(I,2)
660 NEXT I
670 PRINT
680 PRINT"IN DER LISTE SIND LEDIG :"
690 PRINT
700 PRINT"NAME","WOHNORT"
710 PRINT"========================================"
720 FOR I=1 TO Z
730 IF A$(I,4)="2" THEN 750
740 GOTO 760
750 PRINT A$(I,1),A$(I,2)
760 NEXT I
770 PRINT"BITTE 'RETURN' DRUECKEN !"
780 INPUT Q
790 CLS:GOTO 170


SORTIERPROGRAMM
800 X=N
810 Y=0
820 X=X-1
830 IF X=0 THEN RETURN
840 FOR I=1 TO Z-1
850 IF A$(I,K)<=A$(I+1,K) THEN 920
860 Y=Y+1
870 FOR J=1 TO S
880 H$=A$(I,J)
890 A$(I,J)=A$(I+1,J)
900 A$(I+1,J)=H$
910 NEXT J
920 NEXT I
930 IF Y<>0 THEN 810
940 RETURN
```

Und nun zu den versprochenen Erklärungen:

- In Zeile 30 fragt das Programm nach der Zahl der Datensätze. Das ist die versteckte Frage nach der Zeilenzahl der Matrix. Da Sie 8 Menschen zu verarzten haben, beantworten Sie diese Frage also mit 8.

- Die Frage nach der Spaltenzahl steckt in Zeile 40; Ihre Antwort ist 4.

- Nach der nun möglichen Dimensionierung der Matrix in 50 erfolgt die Eingabe der Matrix in 70 bis 150 auf die gewohnte Weise.

- Das „Menue" – mit dem Sie wählen können, welche der drei gewünschten Listen präsentiert werden sollen – ist in 170 bis 260 programmiert. Ich hoffe, Sie sind mit der ON. . .GO TO-Technik ein wenig vertraut!

- Ich nehme an, Sie möchten zunächst die Liste 1? Sie haben also 1 – RETURN gedrückt; das Programm geht zu Zeile 270

  Diese lautet . . .K = 1; was Sie jetzt noch nicht verstehen.

  Ziel der angewählten Operation ist es, eine nach Namen *sortierte* Liste zu erhalten. Das dazu nötige Sortierprogramm beginnt als Unterprogramm in Zeile 800. Schauen Sie dort einmal nach!

  Dort steht in Zeile 850:

  IF A$ (I,K) < = A$ (I+1,K) THEN 920

  Zu deutsch heißt das:

  Ist der Name in Zeile 1, Spalte K kleiner oder gleich dem Namen in Zeile 2, Spalte K?

  Und da Sie in Zeile 270 K=1 programmiert hatten, bezieht sich also alles auf die Daten in der *ersten* Spalte!
  Das Sortierprogramm selbst ist übrigens vergleichsweise bescheiden; es ist nur für das Sortieren von Matrix-Elementen umgeschrieben.

  Ist dieser Job getan, wird in den Zeilen 300 bis 350 die gewünschte Liste ausgegeben.

- Da ich Ihnen unnötige Tipparbeit ersparen möchte, habe ich noch die Programmzeilen 360 bis 380 angehängt. Diese sorgen dafür, daß das Programm nach der Listenausgabe nicht in den READY-Zustand kommt – was Ihre eingegebene Matrix gleich wieder auslöschen würde. Vielmehr geht das Programm ins Menue zurück, sobald Sie RETURN drücken.

- Das haben Sie inzwischen getan; Sie wünschen jetzt die Liste 2 zu sehen.

  Das Programm kommt zu Zeile 390.
  Dort steht wieder K = 1; was bekanntlich ein Sortieren nach Namen bewirkt. Aus dem Sortierprogramm zurück, finden Sie: K = 3; noch mal ins Sortierprogramm!
  In K = 3 stehen aber die Konfessionen, so daß die nach Namen sortierte Liste auftragsgemäß noch nach Konfession sortiert wird, bevor die Liste in 440 bis 490 ausgegeben wird.

- Wünschen Sie Liste 3, dann arbeitet das Programm alles ab, was ab Zeile 530 steht. Ich glaube Sie erkennen, wie das funktioniert?

- Verlassen können Sie das Programm nur durch BREAK!
  Ich finde es jedenfalls bemerkenswert, wie man hier – ohne die geringste Programmänderung – durch bloße Vorwahl des Spaltenindex – ein Sortierprogramm fünf mal verwenden kann!

5.2 Sortieren und Rechnen

Als Besitzer eines Computershops haben Sie – neben anderen – in einer DATA-Liste folgende Daten abgelegt:

Bezeichnung	Einzelpreis	Umsatz
Interface	237	9

Das soll bedeuten, daß Sie –meinetwegen heute – 9 Interfaces verkauft haben, die das Stück DM 237.– kosten.

Von einem Programm erwarten Sie nun folgende Leistungen:

- Es soll die in der DATA-Liste wahllos abgelegten Artikel alphabetisch sortiert ausgeben.
- Es soll in einer *4. Spalte* den Umsatz in DM ausrechnen, den Sie mit dem betreffenden Artikel gemacht haben. Dieser ergibt sich als Produkt aus:

Einzelpreis mal verkaufte Stückzahl; was bei unserer obigen Musterzeile bedeutet:
237 mal 9 = 2133.– DM

- Schließlich wollen Sie am Ende der Liste wissen, welchen Gesamt-Umsatz Sie gemacht haben; dieser ist dann die Summe aller Werte, die Ihnen der Computer in den jeweils 4. Spalten ausrechnen soll.

Vielleicht geben Sie das Programm erst einmal ein?

```
10 CLS
20 CLEAR 1000
30 S=0
35 REM ZAEHLEN DER DATEN 40 BIS 90
40 N=0
50 READ A$
60 N=N+1
70 IF A$="ENDE" THEN 90
80 GOTO 50
90 N=N-1
95 REM Z=ANZAHL DER DATENZEILEN
100 Z=N/3
105 REM DIMENSIONIEREN DER MATRIX MIT 4 SPALTEN !
110 DIM A$(Z,4)
120 RESTORE
125 REM ERNEUTES LESEN DER DATEN VOR
126 REM AUSFUEHREN DER OPERATIONEN
130 FOR I=1 TO Z
140 FOR J=1 TO 3
150 READ A$(I,J)
160 NEXT J
170 NEXT I
190 CLS
195 REM AUSDRUCKEN DER UEBERSCHRIFT
200 PRINT"BEZEICHNG","E.-PREIS","UMSATZ","UMSATZ"
210 PRINT,,"(STUECK)","(DM)"
220 PRINT"=========================================="
225 REM SORTIERPROGRAMM AB 330
230 GOSUB 330
235 REM AUSDRUCK DER WERTE
240 FOR I=1 TO Z
250 PRINT A$(I,1),A$(I,2),A$(I,3),
255 REM BILDUNG DES PRODUKTES AUS E.-PREIS X ABSATZ
256 REM (SPALTE 3 X SPALTE 4)
```

```
260 PRINT VAL(A$(I,2))*VAL(A$(I,3))
265 REM BILDEN DER SUMME = GESAMTUMSATZ
266 REM IN ZEILEN 30 UND 270
270 S=S+VAL(A$(I,2))*VAL(A$(I,3))
280 NEXT I
290 PRINT:PRINT
300 PRINT"GESAMTUMSATZ =";S;" DM"
310 PRINT"=============================="
320 END
325 REM SORTIERPROGRAMM AB 330
330 Y=0
340 FOR I=1 TO Z-1
350 IF A$(I,1)<=A$(I+1,1) THEN 420
360 Y=Y+1
370 FOR J=1 TO 3
380 H$=A$(I,J)
390 A$(I,J)=A$(I+1,J)
400 A$(I+1,J)=H$
410 NEXT J
420 NEXT I
430 IF Y<>0 THEN 330
435 REM DATENLISTE AB 450
436 REM ALLE DATEN WERDEN ALS STRING BEHANDELT
440 RETURN
450 DATA PAPIER,12,10
460 DATA RAM,4.8,35
470 DATA FARBBAND,5.2,35
480 DATA ROM,8,120
490 DATA DISKETTE,12,25
500 DATA EPROM,8.5,85
510 DATA KABEL,23.5,17
520 DATA ADAPTER,110,5
530 DATA CPU-1,48,23
540 DATA INTERFACE,237,9
550 DATA ENDE
```

Zu dem Programm bleibt anzumerken:

- Da Sie bei der *Ausgabe* 4 Spalten haben wollen, müssen Sie in Zeile 110 auch für 4 Spalten dimensionieren!
- Sie haben auch die numerischen Variablen als String A$ (. . .) eingegeben. Das zwingt Sie bei der Ausrechnung der Spaltenwerte:
  Wert Spalte 4 gleich Wert Spalte 2 mal Wert Spalte 3
  zu dem Umweg über VAL (. . .)

Sie erkennen, daß diese Multiplikation in der Zeile 260 stattfindet?

- In Zeile 30 entdecken Sie ein einsames S = Ø
  Diese Zeile besorgt zusammen mit der Zeile 270 die gewünschte Summenbildung!

6 Sie erobern die dritte Dimension

In der *Abb. 2* sehen Sie im Vordergrund eine Ihnen schon geläufige 4x4-Matrix.

Diese ist – wie Sie inzwischen wissen – nach Zeilen und Spalten geordnet. Sie könnten auch sagen: es liegt eine zweidimensionale Matrix vor.

Auf der Abbildung erkennen Sie, daß ich *dahinter* – gewissermaßen in der dritten Dimension – weitere Karten 2 bis K versteckt habe.

- Es gibt nun einige Computer (z. B. TRS-80, GENIE), die können auch mit *dreidimensionalen Matrizen* hantieren.

Wir wollen an einem einfachen Beispiel vorführen, wie Sie Ihren Computer als „Kartei-Kasten“ mit einem Stapel gleichartiger „Kartei-Karten“ mißbrauchen können.

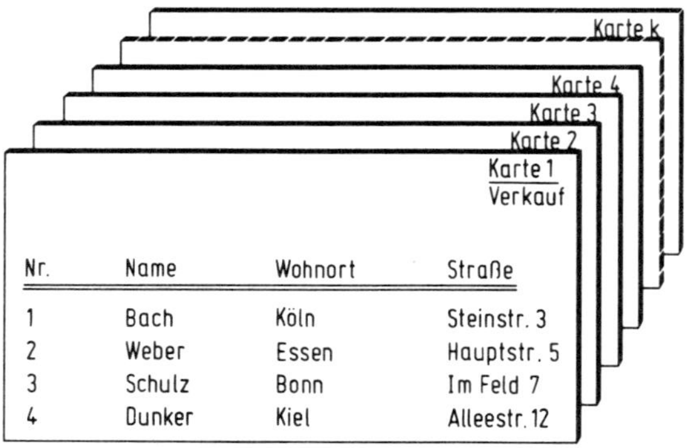

Abb. 2

Was auf der ersten Karte steht, können Sie auf der Abb. 2 lesen. Wir wollen für unsere Übung annehmen, daß auf der zweiten (von insgesamt 3) Karten steht:

Karte 2

Nr.	Name	Wohnort	Straße
5	Zenker	Köln	Waldstr. 7
6	Sonne	Köln	Hochstr. 2
7	Ahlers	Bonn	Tiefstr. 5
8	Behrens	Bonn	Feldstr. 17

und auf:

Karte 3

Nr.	Name	Wohnort	Straße
9	Wemmel	Kiel	Seestr. 1
10	Merzdorf	Kiel	Uferstr. 4
11	Wacker	Kiel	Feldstr. 7
12	Bertram	Kiel	Nebenstr. 2

Sie haben also einen Datenschatz von:

3 Karten mit je
4 Zeilen und je
4 Spalten.

- Die **d**ritte Dimension DIMensionieren Sie als **d**ritten Index.
  Also: A$ (Z, S, K)

Das folgende Programm erlaubt die Eingabe der dreidimensionalen Matrix, sortiert danach automatisch alle drei Karten hintereinander und erlaubt die Ausgabe jeder einzelnen Karte in beliebiger Reihenfolge.

- Achten Sie auf die Schleifen-Bildung in 110 bis 220!
  - Zuerst die (erste) Karte
  - Dann die Zeile der (ersten) Karte
  - Dann die Spalten der (ersten) Zeile usw.

Mit Rücksicht auf diejenigen Leser, deren Basic dreidimensionale Matrizen nicht erlaubt, wollen wir das Beispiel nicht weiter vertiefen.

Aber können Sie sich vorstellen, was man alles damit anstellen kann?

```
5 REM DIMENSIONIEREN DER MATRIX BIS 100
10 CLS
20 CLEAR 1000
30 PRINT"WIEVIELE DATEI-KARTEN ?";
40 INPUT K
50 PRINT"WIEVIELE DATENSAETZE / KARTE ?";
60 INPUT Z
70 PRINT"WIEVIELE DATEN / SATZ ?";
80 INPUT S
90 CLS
100 DIM A$(Z,S,K)
105 REM EINGABE DER DATEN BIS 220
110 FOR L=1 TO K
120 FOR I=1 TO Z
130 PRINT"FUER KARTE ";L;" DATENSATZ ";I
140 PRINT"========================================="
150 FOR J = 1 TO S
160 INPUT "NUMMER=";A$(I,1,L)
170 INPUT"NAME    =";A$(I,2,L)
180 INPUT"WOHNORT=";A$(I,3,L)
190 INPUT"STRASSE=";A$(I,4,L)
200 CLS
210 NEXT I
220 NEXT L
230 CLS
240 PRINT@400,"DIE DATEN WERDEN SORTIERT !"
242 REM SORTIEREN IM U-PRO AB 1000
244 REM SORTIERT WERDEN NACHEINANDER
246 REM DIE KARTEN L=1 BIS L=3 !
250 L=1
260 GOSUB 1000
270 L=2
280 GOSUB 1000
290 L=3
300 GOSUB 1000
310 CLS
320 PRINT@400,"SORTIEREN BEENDET !"
325 REM AUSWAHL DER KARTE IN 330 / 340
330 PRINT@440,"WELCHE KARTE SOLL AUSGEGEBEN WERDEN ?'
340 INPUT L
```

```
345 IF L>K THEN PRINT"FALSCHEINGABE !":GOTO 330
350 CLS
360 B$(1)="VERKAUF"
370 B$(2)="SERVICE"
380 B$(3)="VERWALTUNG"
390 PRINT"AUSGABE DER DATEN FUER ABT.";B$(L)
400 PRINT:PRINT
405 REM AUSGABE DER GEWEUNSCHTEN KARTE
410 PRINT"NUMMER","NAME","WOHNORT","STRASSE"
420 PRINT"======================================="
430 FOR I=1 TO Z
440 FOR J=1 TO S
450 PRINTA$(I,J,L),
460 NEXT J
470 NEXT I
480 PRINT:PRINT:PRINT
490 PRINT"BITTE DRUECKEN SIE DIE TASTE 'RETURN'"
500 INPUT Q
510 GOTO 310
999 REM SORTIERPROGRAMM AB 1000
1000 X=0
1010 FOR I=1 TO Z-1
1020 IF A$(I,2,L)<=A$(I+1,2,L) THEN 1090
1030 X=1
1040 FOR J=1 TO S
1050 H$=A$(I,J,L)
1060 A$(I,J,L)=A$(I+1,J,L)
1070 A$(I+1,J,L)=H$
1080 NEXT J
1090 NEXT I
1100 IF X=1 THEN 1000
1110 RETURN
```

7 Sie ermitteln betriebswirtschaftliche Daten

In Ihren Semesterferien arbeiten Sie in einem Industriebetrieb. Von dem Leiter der Verkaufabteilung erhalten Sie den *Absatzplan*, in dem das Unternehmen für die 4 vertriebenen Produkte für die nächsten 4 Perioden seine Absichten zusammengefaßt hat. Diese Unterlage sieht so aus:

	PRODUKT			
Periode:	1	2	3	4
1	80	70	50	60
2	90	70	50	60
3	100	80	50	70
4	110	90	50	80

Aus der Preisstelle besorgen Sie sich die Verkaufspreise für die 4 Produkte wie folgt:

Produkt	1	2	3	4
Verkaufspreis	10	12	12	15

Schließlich wandern Sie noch in das Betriebsbüro und lassen sich dort für die 4 Produkte die Kosten geben. Man händigt Ihnen folgende Liste aus:

KOSTEN

Produkt	Lohn- (DM)	Lohn-Neben- (%)	Material- DM	Material-Neben- (%)
1	3	50	3	30
2	2	50	6	30
3	6	50	2	30
4	6	50	5	30

Die letzte Tabelle sagt z. B. für das Produkt 1 aus:

Zu seiner Herstellung fallen an:

3 DM Lohnkosten
50% (der Lohnkosten) als Lohn-Nebenkosten.
(z. B. Lohnfortzahlung im Krankheitsfall, Zuschuß zur Rentenversicherung und Krankenkasse usw.)

3 DM Material-Kosten
30% (der Materialkosten) als Material-Nebenkosten etwa für Eingangskontrolle, Lagerkosten usw.)

Wir wollen unterstellen, daß damit alle Kosten erfaßt sind, die das Unternehmen für die Herstellung der 4 Produkte aufwenden muß.

Und nun erhalten Sie folgenden Auftrag:

Sie sollen eine Aufstellung machen über:

- Umsatz pro Produkt in den 4 Perioden
- Gesamtumsatz in jeder Periode
- Gesamtumsatz für alle 4 Perioden
- Gesamtkosten für jedes der 4 Produkte
- Gewinn pro Produkt in den 4 Perioden
- Gesamtgewinn für alle 4 Perioden

Sie können das alles ohne große Rechenkünste „zu Fuß" ausrechnen. Aber warum haben Sie im letzten Semester etwas über Programmierung gehört? Sie beschließen, für die Ermittlung der gewünschten Daten ein Programm zu schreiben.

Am Ende des Arbeitstages ist Ihr Programm fertig. Voller Stolz führen Sie den Abteilungsleiter vor Ihren Computer – dem Sie inzwischen alle obigen Daten eingegeben haben – und bitten ihn:

. . . „Drücken Sie mal auf die Taste 1, danach auf die Taste ‚RETURN‘!“. . .

Vor dem staunenden Auge Ihres Chefs gibt der Computer folgendes aus:

UMSATZ-ÜBERSICHT

800	840	600	750
900	840	600	900
1000	960	600	1050
1100	1080	600	1200

UMSATZ IN PERIODE 1	2990
UMSATZ IN PERIODE 2	3240
UMSATZ IN PERIODE 3	3610
UMSATZ IN PERIODE 4	3980

GESAMT-UMSATZ IN 4 PERIODEN = 13820 DM

Der Mensch staunt nicht schlecht! Nach Druck auf die Taste 2 erscheint auf dem Schirm:

KOSTEN-ÜBERSICHT

KOSTEN FÜR PRODUKT 1 = 8.4 DM
KOSTEN FÜR PRODUKT 2 = 10.8 DM
KOSTEN FÜR PRODUKT 3 = 11.6 DM
KOSTEN FÜR PRODUKT 4 = 15.5 DM

Schließlich drückt er noch auf die Taste 3; er erhält die folgende Liste – wobei sich sein Blick beim Betrachten der vierten Spalte verdüstert.

GEWINN-ÜBERSICHT

128	84	20	−25
144	84	20	−30
160	96	20	−35
176	108	20	−40

GEWINN IN PERIODE 1 207
GEWINN IN PERIODE 2 218
GEWINN IN PERIODE 3 241
GEWINN IN PERIODE 4 264

GESAMT-GEWINN IN 4 PERIODEN = 930 DM

Der Abteilungsleiter ist tief beeindruckt. Er verspricht: „Wenn Sie fertig sind mit Ihrem Studium, können Sie bei uns anfangen!"

Ihr Programm haben Sie natürlich mit Hilfe von Matrizen-Operationen aufgebaut; es folgt anschließend. Verfolgen Sie es unter Zuhilfenahme von Eingangs- und Ausgangsdaten sowie der REM's im Programm.
Auf folgende Punkte möchte ich Sie noch aufmerksam machen:

- Bei der Berechnung der Kosten der Produkte müssen Sie die in % angegebenen Nebenkosten natürlich in DM umrechnen. Das ist hier in den Zeilen 410, 470 unmittelbar nach der Eingabe geschehen.

- Wenn in der Gewinn-Matrix in der 4. Spalte steht: −25, dann bedeutet das: Sie haben mit diesem Produkt 25 DM Verlust gemacht!

- Das ist auch kein Wunder!
  - Sie verkaufen es für DM 15.– (Siehe Eingangsdaten!)
  - Seine Herstellung kostet aber DM 15.50 (Siehe Kostenübersicht)
    (Da muß es jetzt die Masse bringen!!)

```
10 CLS
15 REM ZAHL DER PERIODEN UND PRODUKTE JE 4
20 PRINT"ANZAHL DER PERIODEN ?"
30 INPUT Z
40 PRINT"ANZAHL DER PRODUKTE ?"
50 INPUT S
60 CLS
70 DIM A(Z,S):DIM P(S) :DIM K(Z,S)
80 DIM U(Z,S):DIM G(Z,S)
90 DIM K1(Z)
95 REM EINGABE ALLER DATEN 100 BIS 500
100 PRINT"EINGABE DES ABSATZ-PLAN"
110 PRINT"======================="
120 PRINT:PRINT
130 FOR I=1 TO Z
140 PRINT"FUER PLANPERIODE ";I
150 PRINT
160 FOR J=1 TO S
170 PRINT"PLANZAHL FUER PRODUKT ";J
180 INPUT A(I,J)
190 NEXT J
200 CLS
210 NEXT I
220 CLS
230 PRINT"EINGABE DER PREISE"
240 PRINT"=================="
250 PRINT:PRINT
260 FOR J=1 TO S
270 PRINT"PREIS FUER PRODUKT ";J
280 INPUT P(J)
290 NEXT J
300 CLS
310 PRINT"EINGABE DER KOSTEN"
320 PRINT"=================="
330 PRINT:PRINT
340 FOR I=1 TO Z
350 PRINT"FUER PRODUKT ";I
360 PRINT:PRINT
370 PRINT"LOHNKOSTEN IN DM"
380 INPUT K(I,1)
390 PRINT"LOHN-NEBENKOSTEN IN %"
400 INPUT K(I,2)
405 REM UMRECHNUNG DER IN % EINGEGEBENEN
406 REM NEBENKOSTEN IN DM IN ZEILE 410,470
407 REM ABRUNDEN AUF 2 STELLEN IN 420,480
410 K(I,2)=K(I,1)*(K(I,2)/100)
```

```
420 K(I,2)=INT(K(I,2)*100+.5)/100
430 PRINT"MATERIALKOSTEN IN DM"
440 INPUT K(I,3)
450 PRINT"MATERIAL-GEMEINKOSTEN IN %"
460 INPUT K(I,4)
470 K(I,4)=K(I,4)*(K(I,3)/100)
480 K(I,4)=INT(K(I,4)*100+.5)/100
490 CLS
500 NEXT I
510 CLS
515 REM MENUE IN 520 BIS 620
520 PRINT"AUSWAHL-TABELLE"
530 PRINT"==============="
540 PRINT:PRINT
550 PRINT"UMSATZ-UEBERSICHT..................1"
560 PRINT"KOSTEN-UEBERSICHT..................2"
570 PRINT"GEWINN-UEBERSICHT..................3"
580 PRINT:PRINT
590 PRINT"GEBEN SIE DIE KENNZAHL EIN !"
600 PRINT"DANACH 'RETURN' !"
610 INPUT Q
620 ON Q GOTO 630,930,1100
630 CLS
640 PRINT"UMSATZ-UEBERSICHT"
650 PRINT"================="
660 PRINT:PRINT
670 FOR I=1 TO Z
680 FOR J=1 TO S
685 REM BERECHNUNG DES UMSATZES IN 690
686 REM UMSATZ=PLANABSATZ*PREIS
690 U(I,J)=A(I,J)*P(J)
700 NEXT J
710 NEXT I
720 FOR I=1 TO Z
730 FOR J=1 TO S
740 PRINT U(I,J),
750 NEXT J : NEXT I
760 PRINT:PRINT
765 REM U1=UMSATZ IN DER PERIODE
766 REM U2=GESAMT-UMSATZ
770 U1=0 : U2=0
780 FOR I=1 TO Z
790 PRINT"UMSATZ IN PERIODE ";I;
800 FOR J=1 TO S
810 U1=U1+U(I,J)
820 NEXT J
830 U2=U2+U1
```

```
840 PRINT U1
850 U1=0
860 NEXT I
870 PRINT:PRINT
880 PRINT"GESAMT-UMSATZ IN ";Z;" PERIODEN=";U2;" DM"
890 PRINT"======================================="
900 PRINT:PRINT"BITTE 'RETURN' DRUECKEN!"
910 INPUT Q
920 GOTO 510
930 CLS
940 PRINT"KOSTEN-UEBERSICHT"
950 PRINT"================="
960 PRINT:PRINT
970 FOR I=1 TO Z
975 REM K1=KOSTEN DES PRODUKTES
976 REM BERECHNUNG IN 1000
980 K1(I)=0
990 FOR J=1 TO S
1000 K1(I)=K1(I)+K(I,J)
1010 NEXT J
1020 NEXT I
1030 FOR I=1 TO Z
1040 PRINT"KOSTEN FUER PRODUKT ";I;"=";K1(I);" DM"
1050 NEXT I
1060 PRINT:PRINT
1070 PRINT"BITTE 'RETURN' DRUECKEN !"
1080 INPUT Q
1090 GOTO 510
1100 CLS
1110 PRINT"GEWINN-UEBERSICHT"
1120 PRINT"================="
1130 FOR I=1 TO Z
1140 FOR J=1 TO S
1145 REM GEWINN=UMSATZ-KOSTEN
1146 REM UMSATZERMITTLUNG IN 1150
1147 REM GEWINNERMITTLUNG IN 1160
1150 U(I,J)=A(I,J)*P(J)
1160 G(I,J)=U(I,J)-(A(I,J)*K1(J))
1170 NEXT J
1180 NEXT I
1190 PRINT:PRINT
1200 FOR I=1 TO Z
1210 FOR J=1 TO S
1220 PRINT G(I,J),
1230 NEXT J:NEXT I
1240 PRINT:PRINT
```

```
1245 REM G1=GEWINN IN DER PERIODE
1246 REM G2=GESAMT-GEWINN
1250 G1=0:G2=0
1260 FOR I=1 TO Z
1270 PRINT"GEWINN IN PERIODE ";I;
1280 FOR J=1 TO S
1290 G1=G1+G(I,J)
1300 NEXT J
1310 G2=G2+G1
1320 PRINT G1
1330 G1=0
1340 NEXT I
1350 PRINT:PRINT
1360 PRINT"GESAMT-GEWINN IN ";Z;" PERIODEN=";G2;" DM"
1370 PRINT"========================================"
1380 PRINT:PRINT"BITTE 'RETURN' DRUECKEN !"
1390 INPUT Q
1400 GOTO 510
```

8 Zwischenspiele

Die folgenden Programme haben zunächst keinen realen Hintergrund; sie sollen nur Ihre Fingerfertigkeit im Umgang mit Matrizen trainieren. Wenn Sie zu diesen Spielereien keine Lust haben, können Sie dieses Kapitel auch auslassen.

8.1 Suchen in Matrizen

Im ersten Programm suchen Sie den größten und den kleinsten Wert in einer Matrix. Das Programm macht von der umwerfenden Tatsache Gebrauch, daß nach dem Sortieren einer Datenfolge das erste Element das kleinste, das letzte Element das größte wird.

Dazu werden zunächst die Matrix-Elemente A (I, J) in eine Folge von Daten A (1) bis A (Z*S) umgewandelt; eine Technik, die Sie weiter vorn schon einmal im umgekehrten Sinne kennengelernt haben.

Anmerkung:
Alle folgenden „Suchprogramme" funktionieren nur zufriedenstellend, wenn in der Matrix nur *je ein* größtes oder kleinstes Element vorhanden sind. Es darf also z. B. nicht zweimal „1" als kleinstes Element auftreten.

```
5 REM SUCHEN DES GROESSTEN ELEMENTES
6 REM UND DES KLEINSTEN ELEMENTES EINER MATRIX
7 REM EINGABE EINER 4X4-MATRIX IN 20-70
10 CLS
20 Z=4:S=4
30 DIM A(Z,S):DIM X(Z*S)
40 FOR I=1 TO Z
50 FOR J=1 TO S
60 INPUT A(I,J)
70 NEXT J:NEXTI
80 CLS
```

```
85 REM AUSGABE DER 4X4-MATRIX
86 REM IN 110-190
90 PRINT "DIE EINGEGEBENE MATRIX LAUTET :"
100 PRINT"==============================================="
110 FOR I=1 TO Z
120 FOR J=1 TO S
130 PRINT A(I,J),
140 NEXT J:NEXT I
145 REM ZERLEGEN DER MATRIX-ELEMENTE A(1,1) BIS A(Z,S)
146 REM IN DIE VARIABLEN X(1) BIS X(Z*S)
147 REM IN 150 BIS 190
150 FOR I=1 TO Z
160 FOR J=1 TO S
170 K=(I-1)*S+J
180 X(K)=A(I,J)
190 NEXT J:NEXT I
200 PRINT:PRINT
205 REM AUSGABE DER VARIABLEN X(1) BIS X(Z*S)
206 REM IN 230 BIS 250
210 PRINT"DIE EINGEGEBNE MATRIX BESTEHT AUS DEN"
220 PRINT"VARIABLEN X(1) BIS X(";Z*S;")"
230 FOR K=1 TO Z*S
240 PRINT X(K);
250 NEXT K
255 REM SORTIEREN DER VARIABLEN X(1) BIS X(Z*S)
256 REM IN 340 BIS 400
260 GOSUB 340
270 PRINT:PRINT
275 REM AUSGABE DES GROESSTEN ELEMENTES
276 REM IN 280,290
280 PRINT"DAS GROESSTE ELEMENT DER MATRIX "
290 PRINT"HAT DEN WERT :";X(Z*S)
300 PRINT:PRINT
305 REM AUSGABE DES KLEINSTEN ELEMENTES 306 REM IN 310,320
310 PRINT"DAS KLEINSTE ELEMENT DER MATRIX"
320 PRINT"HAT DEN WERT :";X(1)
330 END
340 FOR I=1 TO (Z*S)-1
350 FOR J=I+1 TO Z*S
360 IF X(I)<=X(J) THEN 380
370 H=X(I):X(I)=X(J):X(J)=H
380 NEXT J
390 NEXT I
400 RETURN
```

In den folgenden Programmen ist auf Sortieren verzichtet. Vielmehr wird das obere, linke Element A (1,1) zunächst als größtes (kleinstes) vorgegeben und dann verglichen, ob das folgende (noch) größer (kleiner) ist; in diesem Falle werden die beiden Elemente gegeneinander ausgetauscht usw.

```
5 REM IN EINER 4X4-MATRIX WIRD DAS KLEINSTE
6 REM ELEMENT GESUCHT UND SEINE POSITION
7 REM INNERHALB DER MATRIX AUSGEGEBEN
10 CLS
20 Z=4:S=4
30 DIM A(Z,S)
35 REM EINGABE DER MATRIX 50 BIS 90
50 FOR I=1 TO Z
60 FOR J=1 TO S
70 INPUT A(I,J)
80 NEXT J
90 NEXT I
95 REM X WIRD ALS ELEMENT A(1,1) VORGEGEBEN
100 X=A(1,1)
110 FOR I=1 TO Z
120 FOR J=1 TO S
125 REM PRUEFUNG:WELCHES ELEMENT IST <=X?
130 IF A(I,J)<=X THEN 150
140 GOTO 180
150 X=A(I,J)
155 REM FESTHALTEN DER POSITION DES KLEINSTEN
156 REM ELEMENTES IN 160,170
160 Y=I
170 Y1=J
180 NEXT J
190 NEXT I
195 REM AUSGABE DES ERGEBNISSES
196 CLS
200 PRINT"DIE KLEINSTE ZAHL IST";X
205 PRINT:PRINT
210 PRINT"SIE HAT DIE POSITION :"
220 PRINT"ZEILE :";Y
230 PRINT"SPALTE:";Y1
235 REM :BEWEIS :
240 PRINT:PRINT
250 PRINT"DAS KLEINSTE ELEMENT IST:";A(Y,Y1)
```

```
5 REM IN EINER 4X4-MATRIX WIRD DAS GROESSTE
6 REM ELEMENT GESUCHT UND SEINE POSITION
7 REM INNERHALB DER MATRIX AUSGEGEBEN
10 CLS
20 Z=4:S=4
```

```
30 DIM A(Z,S)
35 REM EINGABE DER MATRIX 50 BIS 90
50 FOR I=1 TO Z
60 FOR J=1 TO S
70 INPUT A(I,J)
80 NEXT J
90 NEXT I
95 REM X WIRD ALS ELEMENT A(1,1) VORGEGEBEN
100 X=A(1,1)
110 FOR I=1 TO Z
120 FOR J=1 TO S
125 REM PRUEFUNG:WELCHES ELEMENT IST>=X?
130 IF A(I,J)>=X THEN 150
140 GOTO 180
150 X=A(I,J)
155 REM FESTHALTEN DER POSITION DES GROESSTEN
156 REM ELEMENTES IN 160,170
160 Y=I
170 Y1=J
180 NEXT J
190 NEXT I
195 REM AUSGABE DES ERGEBNISSES
196 CLS
200 PRINT"DIE GROESSTE ZAHL IST";X
205 PRINT:PRINT
210 PRINT"SIE HAT DIE POSITION :"
220 PRINT"ZEILE :";Y
230 PRINT"SPALTE:";Y1
235 REM :BEWEIS :
240 PRINT:PRINT
250 PRINT"DAS GROESSTE ELEMENT IST:";A(Y,Y1)
```

```
5 REM ES SOLL DAS GROESSTE ELEMENT EINER
6 REM ZEILE GESUCHT WERDEN
10 CLS
20 Z=4
30 S=4
40 DIM A(Z,S)
50 FOR I=1 TO Z
60 PRINT"FUER DIE ZEILE ";I
70 PRINT"===================="
80 FOR J=1 TO S
90 PRINT"WERT FUER DIE SPALTE ";J
100 INPUT A(I,J)
110 NEXT J
120 CLS
```

```
130 NEXT I
135 REM EINGABE DER ZEILE,IN DER GESUCHT WERDEN SOLL
140 PRINT"IN WELCHER ZEILE SOLL GESUCHT WERDEN ?"
150 INPUT I1
160 X=A(I1,1)
170 FOR J=1 TO S
180 IF A(I1,J)>=X THEN 200
190 GOTO 230
200 X=A(I1,J)
210 Y1=J
220 NEXT J
230 CLS
235 REM AUSGABE DES GROESSTEN WERTES
236 REM DER SPALTE,IN DER ES STEHT
237 REM UND SEINE POSITION IN DER MATRIX
240 PRINT"DAS GROESSTE ELEMENT DER ZEILE ";I1
250 PRINT"HAT DEN WERT :";X
260 PRINT"ES STEHT IN DER SPALTE ";Y1
270 PRINT"UND BESETZT DIE POSITION ";"A(";I1;",";Y1;")"
```

```
5 REM ES SOLL DAS KLEINSTE ELEMENT EINER
6 REM SPALTE GESUCHT WERDEN
10 CLS
20 Z=4
30 S=4
40 DIM A(Z,S)
50 FOR I=1 TO Z
60 PRINT"FUER DIE ZEILE ";I
70 PRINT"==================="
80 FOR J=1 TO S
90 PRINT"WERT FUER DIE SPALTE ";J
100 INPUT A(I,J)
110 NEXT J
120 CLS
130 NEXT I
135 REM EINGABE DER SPALTE,IN DER GESUCHT WERDEN SOLL
140 PRINT"IN WELCHER SPALTE SOLL GESUCHT WERDEN ?"
150 INPUT S1
160 X=A(1,S1)
170 FOR I=1 TO Z
180 IF A(I,S1)<=X THEN 200
190 GOTO 230
200 X=A(I,S1)
210 Y1=I
220 NEXT I
230 CLS
```

```
235 REM AUSGABE DES KLEINSTEN WERTES,
236 REM DER ZEILE,IN DER ES STEHT
237 REM UND SEINE POSITION IN DER MATRIX
240 PRINT"DAS KLEINSTE ELEMENT DER SPALTE ";S1
250 PRINT"HAT DEN WERT :";X
260 PRINT"ES STEHT IN DER ZEILE ";Y1
270 PRINT"UND BESETZT DIE POSITION ";"A(";Y1;",";S1;")"
```

Zum Abschluß unserer Zwischenspiele folgen noch Programme, in denen Sie:

- *Nur* die Matrix-Elemente in Zeile I = 3 durch 2 teilen
- *Nur* die Matrix-Elemente in Spalte J = 4 durch 2 teilen
- Die Zeile 4 von der Zeile 1 subtrahieren

```
5 REM EINGABE DER 4*4-MATRIX BIS 130
10 CLS
20 Z=4
30 S=4
40 DIM A(Z,S)
50 FOR I=1 TO Z
60 PRINT"FUER DIE ZEILE ";I
70 PRINT"==================":PRINT
80 FOR J=1 TO S
90 PRINT"WERT FUER DIE SPALTE ";J
100 INPUT A(I,J)
110 NEXT J
120 CLS
130 NEXT I
135 REM ES SOLL NUR ZEILE 3 NACH 160 'BEHANDELT' WERDEN
140 I=3
150 FOR J=1 TO S
155 REM RECHNUNG FUER ZEILE I=3
160 A(I,J)=A(I,J)/2
170 NEXT J
190 REM AUSGABE DER VERAENDERTEN MATRIX
200 FOR I=1 TO Z
210 FOR J=1 TO S
220 PRINT A(I,J),
230 NEXT J
240 NEXT I
```

```
3 REM EINGABE DER 4*4-MATRIX BIS 130
10 CLS
20 Z=4
30 S=4
40 DIM A(Z,S)
50 FOR I=1 TO Z
60 PRINT"FUER DIE ZEILE ";I
70 PRINT"===================":PRINT
80 FOR J=1 TO S
90 PRINT"WERT FUER DIE SPALTE ";J
100 INPUT A(I,J)
110 NEXT J
120 CLS
130 NEXT I
135 REM ES SOLL NUR SPALTE 4 NACH 160 'BEHANDELT' WERDEN
140 FOR I= 1 TO Z
150 J=4
155 REM RECHNUNG FUER DIE SPALTE J=4
160 A(I,J)=A(I,J)/2
170 NEXT I
190 REM AUSGABE DER VERAENDERTEN MATRIX
200 FOR I=1 TO Z
210 FOR J=1 TO S
220 PRINT A(I,J),
230 NEXT J
240 NEXT I
```

```
10 REM EINGABE DER 4*4-MATRIX BIS 130
20 CLS
30 Z=4
40 S=4
50 DIM A(Z,S)
60 FOR I=1 TO Z
70 PRINT"FUER DIE ZEILE ";I
80 PRINT"===================":PRINT
90 FOR J=1 TO S
100 PRINT"WERT FUER DIE SPALTE ";J
110 INPUT A(I,J)
120 NEXT J
130 CLS
140 NEXT I
145 REM VON ZEILE 1 SOLL ZEILE 4 SUBTRAHIERT WERDEN
150 FOR J=1 TO S
155 REM DURCHFUEHRUNG DER SUBTRAKTION
160 A(1,J)=A(1,J)-A(4,J)
```

```
170 NEXT J
180 REM AUSGABE DER VERAENDERTEN MATRIX
190 FOR I=1 TO Z
200 FOR J=1 TO S
210 PRINT A(I,J),
220 NEXT J
230 NEXT I
```

9 Matrizen in der Mathematik

Bereits im Vorwort hatte ich erwähnt, daß in der Mathematik bereits mit Matrizen – oder in Matrizen – gerechnet wurde, als es noch gar keine Computer gab.

Um es grob zu vereinfachen: Man hat diese Techniken seiner Zeit entwickelt, um mit Hilfe der Matrizenrechnung vergleichsweise komplizierte Rechenoperationen nur unter Anwendung der vier Grundrechenarten zu lösen.

Die Matrizenrechnung ist ein weites Feld. Wir werden uns hier nur soweit damit beschäftigen, damit Sie in der Lage sind, mit Ihrem Computer unter Anwendung der betreffenden Regeln der Matrizenrechnung . . . na, sagen wir's ganz allgemein: Gleichungen mit Unbekannten zu lösen.

Wir werden das Schritt für Schritt tun, damit Sie nicht die Lust verlieren!

9.1 Definitionen: Matrizen, Vektoren und Skalare

Sehen Sie: es geht schon los mit dem mathematischen Kauderwelsch! Das da unten ist nach Ihrem bisherigen Verständnis eine Matrix:

$$\begin{pmatrix} 1 & 2 & 3 & 4 \\ 6 & -2 & 5 & 8 \\ 5 & 5 & 0 & 1 \\ 2 & 3 & 4 & 5 \end{pmatrix}$$

Na, und für die Mathematiker ist das auch eine Matrix. Und da die Mathematiker pingelige Leute sind, bestimmen Sie:

- Um dieses Datenfeld als Matrix zu kennzeichnen, wird es in die große Klammer gesetzt.

- Da die Matrix 4 Zeilen und 4 Spalten hat, nennen Sie das eine 4x4-Matrix oder: eine quadratische Matrix.
  (Auch eine 3x3- oder 5x5-Matrix ist quadratisch!)

In der folgenden Matrix habe ich je eine Zeile bzw. Spalte besonders eingerahmt:

1	2	3	4	——— Zeilen-Vektor
2	4	6	8	
0	–3	5	2	
9	11	3	1	——— Spalten-Vektor

- Die eingerahmte Zeile nennt man einen Zeilen-*Vektor*
- Die eingerahmte Spalte nennt man einen Spalten-*Vektor*

Zeilen-Vektor = $\begin{pmatrix} 1 & 2 & 3 & 4 \end{pmatrix}$

Spalten-Vektor = $\begin{pmatrix} 1 \\ 2 \\ 3 \\ 4 \end{pmatrix}$

- Ein *Skalar* schließlich ist im Rahmen der Matrizenrechnung schlicht eine *Zahl*, wie 0, 5 oder –2

Hier zeige ich Ihnen noch eine besondere Matrix:

$$\begin{pmatrix} 1 & 0 & 0 & 0 \\ 0 & 1 & 0 & 0 \\ 0 & 0 & 1 & 0 \\ 0 & 0 & 0 & 1 \end{pmatrix}$$

In dieser Matrix (bitte gut merken!) sind alle Elemente der sogenannten *Hauptdiagonalen* = 1; alle anderen Elemente sind 0.

Man nennt das eine *Einheits-Matrix*; wir werden daran noch viel Freude haben!

10 Die wichtigsten Rechenregeln für Matrizen

10.1 Addition von Matrizen

Bisher hatten wir es in der Regel nur mit einer Matrix zu tun. Jetzt wollen wir einmal zwei Matrizen addieren.
Dafür gilt die Regel:

> Zwei Matrizen werden addiert, indem man die in den Matrizen an gleicher Stelle stehenden Elemente addiert.
>
> *Bedingung:* Die Matrizen müssen „gleicher Ordnung" sein. Das heißt zu deutsch: Sie müssen gleiche Zeilen- und Spaltenzahlen haben.

Ihr Computer löst das Problem mit folgendem Programm:

```
5 REM ADDITION ZWEIER 4X4-MATRIZEN
10 CLS
20 Z=4:S=4
30 DIM A(Z,S):DIM B(Z,S):DIM S(Z,S)
35 REM EINGABE DER MATIX A(...) IN 50-80
40 PRINT"EINGABE DER MATRIX-ELEMENTE A(...)"
50 FOR I=1 TO Z
60 FOR J=1 TO S
70 INPUT A(I,J)
80 NEXT J:NEXT I
90 CLS
95 EINGABE DER MATRIX B(...) IN 110-140
100 PRINT"EINGABE DER MATRIX-ELEMENTE B(...)
110 FOR I=1 TO Z
120 FOR J=1 TO S
130 INPUT B(I,J)
140 NEXT J:NEXT I
145 REM BILDUNG DER SUMME IN 170
150 FOR I=1 TO Z
```

```
160 FOR J=1 TO S
170 S(I,J)=A(I,J)+B(I,J)
180 NEXTJ:NEXTI
190 CLS
195 REM AUSGABE DER SUMMEN-MATRIX S(...)
200 PRINT"DIE SUMMEN-MATRIX LAUTET :"
210 PRINT"========================================"
220 PRINT:PRINT
230 FOR I=1 TO Z
240 FOR J=1 TO S
250 PRINT S(I,J),
260 NEXT J:NEXT I
```

```
5 REM SUBTRAKTION ZWEIER 4X4-MATRIZEN
10 CLS
20 Z=4:S=4
30 DIM A(Z,S):DIM B(Z,S):DIM S(Z,S)
35 REM EINGABE DER MATIX A(...) IN 50-80
40 PRINT"EINGABE DER MATRIX-ELEMENTE A(...)"
50 FOR I=1 TO Z
60 FOR J=1 TO S
70 INPUT A(I,J)
80 NEXT J:NEXT I
90 CLS
95 REM EINGABE DER MATRIX B(...) IN 110-140
100 PRINT"EINGABE DER MATRIX-ELEMENTE B(...)
110 FOR I=1 TO Z
120 FOR J=1 TO S
130 INPUT B(I,J)
140 NEXT J:NEXT I
145 REM BILDUNG DER DIFFERENZ IN 170
150 FOR I=1 TO Z
160 FOR J=1 TO S
170 S(I,J)=A(I,J)-B(I,J)
180 NEXTJ:NEXTI
190 CLS
195 REM AUSGABE DER DIFFERENZ-MATRIX S(...)
200 PRINT"DIE DIFFERENZ-MATRIX LAUTET :"
210 PRINT"========================================"
220 PRINT:PRINT
230 FOR I=1 TO Z
240 FOR J=1 TO S
250 PRINT S(I,J),
260 NEXT J:NEXT I
```

10.2 Multiplikation einer Matrix mit einem Skalar

Regel:

> Eine Matrix wird mit einem Skalar (mit einer Zahl) multipliziert, indem man jedes Element der Matrix mit dem Skalar (mit der Zahl) multipliziert.

Das Programm für Ihren Computer lautet:

```
10 REM MULTIPLIKATION EINER MATRIX
20 REM MIT EINEM SKALAR
30 REM EINGABE DER 4X4-MATRIX BIS 160
40 CLS
50 Z=4
60 S=4
70 DIM A(Z,S)
80 FOR I=1 TO Z
90 PRINT"FUER DIE ZEILE ";I
100 PRINT"===================="
110 FOR J=1 TO S
120 PRINT:PRINT"WERT FUER DIE SPALTE ";J
130 INPUT A(I,J)
140 NEXT J
150 CLS
160 NEXT I
161 REM EINGABE DES SKALARS IN 164
164 INPUT"SKALAR EINGEBEN !";X
165 REM RECHENOPERATION IN 190
170 FOR I=1 TO Z
180 FOR J=1 TO S
190 A(I,J)=A(I,J)*X
200 NEXT J : NEXT I
205 REM AUSGABE DER VERAENDERTEN MATRIX
206 CLS
210 FOR I=1 TO Z
220 FOR J=1 TO S
230 PRINT A(I,J),
240 NEXT J : NEXT I
```

10.3 Produkte von Vektoren

10.3.1 Multiplikation eines Zeilenvektors mit einem Spaltenvektor

Sie haben den Zeilenvektor:

$$\begin{pmatrix} A(1) & A(2) & A(3) & A(4) \end{pmatrix}$$

Und den Spaltenvektor

$$\begin{pmatrix} B(1) \\ B(2) \\ B(3) \\ B(4) \end{pmatrix}$$

Es gilt die Regel:

> Zeilenvektor mal Spaltenvektor ergibt einen *Skalar* nach der Rechenvorschrift:
>
> A(1)*B(1)+A(2)*B(2)+A(3)*B(3)+A(4)*B(4)

Das Computerprogramm folgt unten; es berücksichtigt bereits die *Bedingung*:

- Die Zahl der Elemente in Spalten- und Zeilenvektor müssen gleich sein.

```
5 REM MULTIPLIKATION EINES ZEILENVEKTORS
6 REM MIT EINEM SPALTENVEKTOR
10 CLS
20 PRINT"ANZAHL ELEMENTE DES ZEILENVEKTORS ?";
30 INPUT Z
40 PRINT"ANZAHL ELEMENTE DES SPALTENVEKTORS ?";
50 INPUT S
60 CLS
70 IF S<>Z THEN 90
80 GOTO 100
90 PRINT"UNGUELTIGE EINGABE !":FOR X=1 TO 1000:NEXT:GOTO 10
100 PRINT"FUER DEN ZEILENVEKTOR EINGEBEN :"
110 PRINT"================================="
120 FOR I=1 TO Z
```

```
130 PRINT"ELEMENT ";I
140 INPUT A(I)
150 NEXT I
160 CLS
170 PRINT"FUER DEN SPALTENVEKTOR EINGEBEN :"
180 PRINT"======================================"
190 FOR J=1 TO S
200 PRINT"ELEMENT ";J
210 INPUT B(J)
220 NEXT J
225 REM RECHENOPERATION :PRODUKT ZEILE 250
226 REM SUMME ZEILEN 230,260
230 S=0
240 FOR I=1 TO Z
250 C(I)=A(I)*B(I)
260 S=S+C(I)
270 NEXT I
280 CLS
290 PRINT"DER SKALAR DER OPERATION IST :";S
```

Damit Sie auch den Wert dieser Operation „für das tägliche Leben“ erkennen: Rechnen Sie doch einmal folgende Aufgabe:

Sie haben als Besitzer eines Computershop heute 14 Computer an den Mann gebracht. Und zwar:

Fabrikat:	A	B	C	D
Stück:	2	5	4	3

Sie haben die Geräte zu folgenden Preisen verkauft:

Fabrikat	Verkaufserlös
A	935.–
B	1250.–
C	140.–
D	3775.–

Wie Sie erkennen, habe ich Ihnen die verkauften Stücke als Zeilen-, die erzielten Preise als Spalten-Vektor serviert.

Geben Sie diese Zahlen in das obige Programm ein, so wird es Ihnen in Zeile 290 als Skalar den *Gesamt-Umsatz des Tages* auswerfen. Was sagen Sie dazu?

10.3.2 Multiplikation eines Spaltenvektors mit einem Zeilenvektor

Sie haben den Spaltenvektor:

$$\begin{pmatrix} A(1) \\ A(2) \\ A(3) \\ A(4) \end{pmatrix}$$

sowie den Zeilenvektor:

$$\begin{pmatrix} B(1) & B(2) & B(3) & B(4) \end{pmatrix}$$

Es gilt die Regel:

Spaltenvektor mal Zeilenvektor ergibt eine *Matrix* nach der folgenden Rechenvorschrift:

A(1)*B(1)	A(1)*B(2)	A(1)*B(3)	A(1)*B(4)
A(2)*B(1)	A(2)*B(2)	A(2)*B(3)	A(2)*B(4)
A(3)*B(1)	A(3)*B(2)	A(3)*B(3)	A(3)*B(4)
A(4)*B(1)	A(4)*B(2)	A(4)*B(3)	A(4)*B(4)

Bedingung ist wieder:
Die Zahl der Elemente in Spalten- und Zeilenvektor müssen gleich sein.

Auch dafür sollen Sie ein Computerprogramm bekommen!

```
5 REM MULTIPLIKATION EINES SPALTENVEKTORS
6 REM MIT EINEM ZEILENVEKTOR
10 CLS
20 PRINT"ANZAHL DER ELEMENTE DES SPALTENVEKTORS ?";
30 INPUT S
40 PRINT"ANZAHL DER ELEMENTE DES ZEILENVEKTORS ?";
50 INPUT Z
60 CLS
70 IF S<>Z THEN 90
80 GOTO 100
90 PRINT"UNGUELTIGE EINGABE !":FOR X=1 TO 1000:NEXT:GOTO 10
100 PRINT"FUER DEN SPALTENVEKTOR EINGEBEN :"
110 PRINT"=================================="
120 FOR J=1 TO S
```

```
130 PRINT"ELEMENT :";J
140 INPUT A(J)
150 NEXT J
160 CLS
170 PRINT"FUER DEN ZEILENVEKTOR EINGEBEN :"
180 PRINT"=================================="
190 FOR I=1 TO Z
200 PRINT"ELEMENT :";I
210 INPUT B(I)
220 NEXT I
225 REM RECHENOPERATION IN 250
230 FOR I=1 TO Z
240 FOR J=1 TO S
250 C(I,J)=A(I)*B(J)
260 NEXT J : NEXT I
270 CLS
280 PRINT"DIE GEBILDETE MATRIX LAUTET :"
290 PRINT"=============================="
300 PRINT:PRINT
310 FOR I=1 TO Z
320 FOR J=1 TO S
330 PRINT C(I,J),
340 NEXT J : NEXT I
```

Hier soll die Frage nach dem praktischen Nutzen nicht zu kurz kommen.

Bleiben wir bei dem Beispiel, in dem Sie als Computerverkäufer auftreten.

Sie geben die Preise für die 4 Fabrikate als Spaltenvektor ein:

Spaltenvektor:

$$\begin{pmatrix} 935 \\ 1250 \\ 140 \\ 3775 \end{pmatrix}$$

Sie wollen nun Ihren Umsatz für die nächsten 4 Perioden berechnen. Sie setzen sich folgende Ziele:

	Geplante Stückzahlen von Fabrikat			
	A	B	C	D
Stückzahlen: je	10	10	20	20 (in jeder Periode!)

Sie geben also als *Zeilenvektor* ein:

(10 10 20 20)

Der Computer liefert Ihnen die Matrix:

9350	9350	18700	18700
12500	12500	25000	25000
1400	1400	2800	2800
37750	37500	75500	75500

Sie sehen aus der Matrix, daß Sie – z. B. – in der ersten Periode mit dem Fabrikat D 37750 DM Umsatz machen werden; in der dritten Periode mit dem Fabrikat A18700 DM usw.

10.4 Die Multiplikation von Matrizen

Unter bestimmten Bedingungen können Sie auch zwei Matrizen miteinander multiplizieren.

Wollen Sie die Matrix A(. . .) mit der Matrix B(. . .) multiplizieren, dann gilt:

Bedingung: Die Spaltenzahl der Matrix A(. . .) muß gleich sein der Zeilenzahl der Matrix B(. . .)
Das heißt, Sie können zwei Matrizen

A(Z,*S*) * B(*S*,S1) miteinander multiplizieren.

Die Ergebnis-Matrix C(. . .) hat dann so viele Zeilen wie A(. . .) und so viele Spalten wie B(. . .)
Rechenvorschrift:
Die Zeilenvektoren der Matrix A(. . .) werden mit den Spalten-Vektoren der Matrix B(. . .) multipliziert.
Einschränkung
Die Matrizen-Multiplikation ist nicht „kommutativ"; das meint: Multiplikant und Multiplikator dürfen NICHT (gegeneinander) ausgetauscht werden.

A(. . .)* B(. . .) = C(. . .)
Aber NICHT B(. . .)* A(. . .) . . . .

Beispiel für Multiplikation einer 2x2-Matrix mit einer 2x3-Matrix

Matrix A *Matrix B*

$$\begin{pmatrix} A(1,1) & A(1,2) \\ A(2,1) & A(2,2) \end{pmatrix} \qquad \begin{pmatrix} B(1,1) & B(1,2) & B(1,3) \\ B(2,1) & B(2,2) & B(2,3) \end{pmatrix}$$

Multiplikation der Matrix A mit der Matrix B

$$\text{Matrix } C(\ldots)= \begin{pmatrix} A(1,1)*B(1,1)+A(1,2)*B(2,1) \\ A(2,1)*B(1,1)+A(2,2)*B(2,1) \\ A(1,1)*B(1,2)+A(1,2)*B(2,2) \\ A(2,1)*B(1,2)+A(2,2)*B(2,2) \\ A(1,1)*B(1,3)+A(1,2)*B(2,3) \\ A(2,1)*B(1,3)+A(2,2)*B(2,3) \end{pmatrix}$$

Auch für dieses Ungetüm folgt ein Programm!

```
10 REM MATRIX MULTIPLIKATION
20 REM MATRIX A(I,J) X MATRIX B(I,J)=MATRIX C(I,J)
30 REM BEDINGUNG : ANZAHL SPALTEN IN MATRIX A
40 REM GLEICH ANZAHL ZEILEN IM MATRIX B
50 CLS
60 PRINT"WIEVIELE ZEILEN HAT MATRIX 1 ?"
70 INPUT Z1
80 PRINT"WIEVIELE SPALTEN HAT MATRIX 1 ?"
90 INPUT S1
100 CLS
110 PRINT"WIEVIELE ZEILEN HAT MATRIX 2 ?"
120 INPUT Z2
130 PRINT"WIEVIELE SPALTEN HAT MATRIX 2 ?"
140 INPUT S2
150 IF S1<>S2 THEN PRINT"BEDINGUNG IST NICHT ERFUELLT !":GOTO
160 DIM A(Z1,S1):DIM B(Z2,S2):DIM C(Z1,S2)
170 CLS
180 PRINT"FUER DIE MATRIX 1 EINGEBEN :"
190 PRINT:PRINT
200 FOR I=1 TO Z1
210 PRINT"FUER DIE ZEILE ";I
220 FOR J=1 TO S1
230 PRINT:PRINT"WERT FUER SPALTE ";J;
240 INPUT A(I,J)
250 NEXT J
260 CLS
270 NEXT I
```

```
280 CLS
290 PRINT"FUER DIE MATRIX 2 EINGEBEN :"
300 PRINT:PRINT
310 FOR I=1 TO Z2
320 PRINT"FUER DIE ZEILE ";I
330 FOR J=1 TO S2
340 PRINT:PRINT"WERT FUER SPALTE ";J;
350 INPUT B(I,J)
360 NEXT J
370 CLS
380 NEXT I
390 REM PRODUKTBILDUNG IN 400 BIS 470
400 FOR I=1 TO Z1
410 FOR J=1 TO S2
420 C(I,J)=0
430 FOR K=1 TO Z2
440 C(I,J)=C(I,J)+A(I,K)*B(K,J)
450 NEXT K
460 NEXT J
470 NEXT I
480 CLS
490 REM AUSGABE DER MATRIX C(I,J)
500 PRINT"DIE PRODUKTEN-MATRIX LAUTET :"
510 PRINT"========================================"
520 PRINT:PRINT
530 FOR I=1 TO Z1
540 FOR J=1 TO S2
550 PRINT C(I,J),
560 NEXT J
570 NEXT I
```

11 Sie lösen Gleichungen mit mehreren Unbekannten

Sie sollten jetzt Ihrem Computer einmal eine größere Pause gönnen! Als Vorbereitung auf den nächsten Abschnitt wollen wir uns zunächst einmal über ein paar Bedingungen unterhalten; dabei würde uns Ihr Computer nur stören.

Was ist eine lineare Gleichung?
Ich zeige ihnen hier drei Geichungen bzw. 3 Teile aus (größeren) Gleichungssystemen.

X + Y = 5
X = SQR(Z)
X^2 + Y = 7

Nur die erste Gleichung davon ist eine *lineare Gleichung*, weil nur dort die Unbekannten X und Y in der ersten Potenz vorkommen.

> Es gilt als vereinbart: Alle unseren künftigen Spiele wollen wir an linearen Gleichungen betreiben.

Betrachten Sie also noch einmal die erste, die lineare Gleichung

X +Y = 5

Wenn Sie scharf hinsehen, haben Sie die Lösung. Sie behaupten:

X = 2
Y = 3

Ich werde Ihnen widersprechen und behaupten:

X = 3
Y = 2

Und wenn uns jemand zuschaut, könnte der sagen: April, April!

X = 1
Y = 4

Ja wer hat denn nun Recht?
Wir haben alle miteinander Recht – oder auch nicht.
Offensichtlich gibt es für diese Gleichung zwar sehr viele, aber keine *eindeutige* Lösung.

Ich biete Ihnen noch eine zweite Gleichung an:
Gleichung 1: $X + Y = 5$
Gleichung 2: $X - Y = -1$

Und nun stimmt keine Behauptung – außer Ihrer. Jetzt ist in der Tat ganz eindeutig:

$X = 2$
$Y = 3$

Daraus leiten wir die erste Regel ab:

> In einem linearen Gleichungssystem brauchen Sie zur Lösung so viele Gleichungen, wie Unbekannte vorliegen.

Hier sind zwei Gleichungen:

$X + Y = 5$
$2X + 2Y = 10$

Und hier noch zwei:

$X + Y = 5$
$X - Y = 200$

Mit beiden werden Sie keine Freude haben.

Im ersten Fall ist die zweite Gleichung schlicht das Doppelte der ersten. Und im zweiten Fall stammen die beiden Gleichungen gewissermaßen aus verschiedenen Welten, aus zwei verschiedenen Gleichungssystemen. Denken Sie daran, daß X und Y *Variable* sind, die jeden beliebigen Wert annehmen können – nur nicht in ein- und demselben Gleichungssystem.

Auch hier vereinbaren wir, daß wir solche Scherze für den weiteren Verlauf unserer Arbeit ausschließen.

Hier folgen drei Gleichungen mit drei Unbekannten, die alle unsere Bedingungen erfüllen. Sie lauten:

Gleichung 1: $X + Y + 2Z = 2$
Gleichung 2: $3X + 4Y = 7 - 6Z$
Gleichung 3: $2X + 2Y + 5Z = 3$

Unter Anwendung der Matrizenrechnung wollen wir die drei Unbekannten X, Y und Z berechnen. Aber hübsch „zu Fuß", damit Sie auch was davon haben!

Da dieses ein Computerbuch ist, wollen wir die drei Gleichungen zunächst so umformen, daß sie:

- von der Schreibweise her von einem Computer verstanden werden.
- Auf der rechten Seite der Gleichung keine Unbekannten, nur noch *Konstanten* stehen.

Das führt dann zu folgendem Ergebnis:

Gleichung 1: 1*X + 1*Y + 2*Z = 2
Gleichung 2: 3*X + 4*Y + 6*Z = 7
Gleichung 3: 2*X + 2*Y + 5*Z = 3

Daraus macht nun die Mathematik – Abteilung Matrizenrechung – eine *Koeffizienten-Matrix*. Verstehen Sie hier Koeffizient als Multiplikator, als „das, was vor dem * steht".

Sie erhalten also:

$$\begin{pmatrix} 1 & 1 & 2 \\ 3 & 4 & 6 \\ 2 & 2 & 5 \end{pmatrix} \begin{pmatrix} X \\ Y \\ Z \end{pmatrix} \begin{pmatrix} 2 \\ 7 \\ 3 \end{pmatrix}$$

Lösungs-Vektor
(Konstanten-Vektor)

Variablen-Vektor

Koeffizienten-Matrix

Es gilt nun, die Koeffizienten-Matrix so – und solange – zu bearbeiten, bis Sie folgendes „Bild“ erhalten:

$$\begin{pmatrix} 1 & 0 & 0 \\ 0 & 1 & 0 \\ 0 & 0 & 1 \end{pmatrix} \begin{pmatrix} X \\ Y \\ Z \end{pmatrix} \begin{pmatrix} ? \\ ? \\ ? \end{pmatrix}$$

Wenn Sie die Koeffizienten-Matrix in die oben gezeigte Einheits-Matrix umgewandelt haben, steht hinten anstelle der Fragezeichen jeweils die Größe für X, Y und Z.

Wir wollten das „zu Fuß“ machen. Neben der Kenntnis der 4 Grundrechenarten brauchen Sie dazu nur ein scharfes Auge und ein wenig Lust am Knobeln.

Knobeln wir's zusammen aus!

Wir schreiben zunächst die Matrix wie folgt um:

$$\left(\begin{array}{ccc|c} 1 & 1 & 2 & 2 \\ 3 & 4 & 6 & 7 \\ 2 & 2 & 5 & 3 \end{array}\right)$$

In der ersten Zeile steht schon eine 1 an der richtigen Stelle.
Wir versuchen deshalb – um uns dem Bild der Einheitsmatrix zu nähern – das *erste* Element der *zweiten* Zeile zu 0 zu machen.

- Wir ziehen von der zweiten Zeile das Dreifache der ersten Zeile ab!

zweite Zeile:	3	4	6	7
Minus 3 x 1. Zeile:	3	3	6	6
ergibt neue 2. Zeile:	0	1	0	1

Das ergibt die neue Matrix:

$$\left(\begin{array}{ccc|c} 1 & 1 & 2 & 2 \\ 0 & 1 & 0 & 1 \\ 2 & 2 & 5 & 3 \end{array}\right)$$

- Wir ziehen von der dritten Zeile das Doppelte der ersten Zeile ab!

dritte Zeile	2	2	5	3
Minus 2 x 1. Zeile	2	2	4	4
ergibt neue 3. Zeile	0	0	1	−1

Das ergibt die neue Matrix:

$$\left(\begin{array}{ccc|c} 1 & 1 & 2 & 2 \\ 0 & 1 & 0 & 1 \\ 0 & 0 & 1 & -1 \end{array}\right)$$

- Wir ziehen von der ersten Zeile die zweite Zeile ab!

erste Zeile:	1	1	2	2
Minus zweite Zeile:	0	1	0	1
ergibt neue erste Zeile:	1	0	2	1

Das ergibt die neue Matrix:

$$\left(\begin{array}{ccc|c} 1 & 0 & 2 & 1 \\ 0 & 1 & 0 & 1 \\ 0 & 0 & 1 & -1 \end{array}\right)$$

- Wir ziehen von der ersten Zeile das Doppelte der dritten Zeile ab!

erste Zeile:	1	0	2	1
Minus 2 x dritte Zeile:	0	0	2	−2
ergibt neue erste Zeile:	1	0	0	3

Achtung!
$+1-(-2)=+3$!!

Wir erhalten endlich das gewünschte Ergebnis:

$$\left(\begin{array}{ccc|c} 1 & 0 & 0 & 3 \\ 0 & 1 & 0 & 1 \\ 0 & 0 & 1 & -1 \end{array}\right)$$

Damit ist: $X = 3$
$Y = 1$
$Z = -1$

Ja, wirklich: so hat man das früher – unter anderem – ohne Computer ausgerechnet!
Ich denke, Sie haben erkannt, wie das geht?

In dem folgenden Programm finden Sie noch keines, daß die Aufgabe automatisch löst. Ich habe es mir ausgedacht, damit Sie die gleiche Aufgabe von eben noch einmal mit dem Computer lösen. Der hilft Ihnen dabei aber *nicht* zu rechnen; er ersetzt lediglich Papier und Bleistift.

Damit keine Reklamationen kommen: Das Programm gilt nur für unser voriges Beispiel und besitzt so gut wie keine Intelligenz!

```
10 CLS
20 PRINT"UEBUNG ZUR MATRIZEN-MANIPULATION"
25 PRINT"========================================"
30 PRINT:PRINT:PRINT
40 INPUT"WIEVIELE UNBEKANNTE LIEGEN VOR ?";Z
50 S=Z+1
60 DIM A(Z,S)
65 CLS
70 FOR I=1 TO Z
80 PRINT"BITTE GEBEN SIE FUER DIE ZEILE";I
90 PRINT"DIE ";Z;" KOEFFIZIENTEN"
100 PRINT"ALS ";Z+1;"-TEN WERT DIE KONSTANTE EIN !"
105 FOR J=1 TO S
110 INPUT A(I,J)
120 NEXT J
130 CLS
140 NEXT I
150 CLS
160 PRINT"ENDE DER EINGABE "
170 PRINT:PRINT
180 PRINT"SIE HABEN EINGEGEBEN :"
190 PRINT"=========================="
200 PRINT:PRINT
210 FOR I=1 TO Z
220 FOR J=1 TO S
230 PRINT A(I,J),
240 NEXT J:NEXT I
250 PRINT:PRINT
260 PRINT"ZUR BEARBEITUNG 'RETURN' DRUECKEN !"
270 INPUT Q
280 PRINT"GEBEN SIE DIE NUMMER DER ZEILE EIN,"
290 PRINT"DIE SIE BEARBEITEN WOLLEN !"
300 INPUT E
```

```
310 PRINT"WELCHE ZEILE SOLL ABGEZOGEN WERDEN ?"
320 INPUT F
330 PRINT
340 PRINT"FAKTOR FUER ZEILE ";F;" EINGEBEN !"
350 INPUT G
360 FOR J=1 TO S
370 A(E,J)=A(E,J)-G*(A(F,J))
380 NEXT J
390 CLS:PRINT"NACH DER BEARBEITUNG LAUTET DIE MATRIX :"
400 PRINT"======================================="
410 PRINT:PRINT
420 FOR I=1 TO Z
430 FOR J=1 TO S
440 PRINT A(I,J),
450 NEXT J : NEXT I
460 PRINT:PRINT
470 PRINT"WENN SIE EINE WEITERE OPERATION WUENSCHEN,"
480 PRINT"DRUECKEN SIE '1', SONST '0' !"
490 PRINT:PRINT"DANACH 'RETURN'"
500 INPUT Q
510 CLS
520 IF Q=1 THEN 280 ELSE IF Q=0 THEN 530
530 CLS:PRINT"DIE AUFGABE IST GELOEST "
540 PRINT"======================================="
550 PRINT:PRINT
560 PRINT"X=";A(1,4)
570 PRINT"Y=";A(2,4)
580 PRINT"Z=";A(3,4)
```

12 Sie lösen Textaufgaben

Bis hierher hatte ich Ihnen jedes Beispiel computergerecht vorgekaut. Das entspricht sicher nicht Ihrer eigenen Praxis!

Vielmehr dürfte es so sein, daß Sie sich die Gleichungen aus irgendwelchen Zusammenhängen, in denen Ihr Problem steckt, erst mühsam heraussuchen müssen.

Lauschen Sie folgender Geschichte:
Sie sitzen mit Ihrem Freund zusammen und plaudern über die Leistungsfähigkeit des kleinen Ladens, in dem Sie immer Ihr Zubehör für die Computerei kaufen. Ihr Freund will Details wissen, und Sie kramen 3 Rechnungen hervor. Auf denen steht:

Rechnung 1:

5 Datencassetten
2 Farbbänder
1 Paket Druckerpapier

DM 87.–

Rechnung 2:

2 Datencassetten
1 Farbband

DM 27.50

Vom dritten Einkauf liegt keine Rechnung vor. Aber Sie erinnern sich genau, daß Sie das beim 2. Besuch gekaufte Farbband zurückgegeben haben – weil es nicht zu Ihrem Drucker paßte – und ein Paket Druckerpapier gekauft haben. Bezahlt hatten Sie bei diesem Besuch DM 14.50

Schließlich finden Sie noch

Rechnung 3

1 Datencassette
1 Fachbuch

DM 30.–

Wieviel Unbekannte stecken in dieser Geschichte?
Es treten ohne nähere Angaben auf:

Datencassette
Farbband
Drucker-**P**apier
Fach-**B**uch

Das macht zusammen 4 Unbekannte. Also müssen nach den Regeln 4 Gleichungen her!

Noch eine Regel:

- In jeder Gleichung müssen alle vorhandenen Unbekannten auftreten; notfalls mit dem Koeffizienten 0! Sie sehen gleich klar!

- Der ersten Rechnung entnehmen Sie:

  $5*D + 2*F + 1*P + 0*B = 87$

  Sie hatten beim ersten Besuch kein Buch gekauft; deshalb: 0*B!

- Für die zweite Gleichung finden Sie:

  $2*D + 1*F + 0*P + 0*B = 27.5$

- Auch für die dritte Gleichung finden Sie was. Sie haben das Farbband zurückgegeben (und dafür eine Gutschrift erhalten!); Sie berücksichtigen das in der Gleichung wie folgt:

  $0*D - 1*F + 1*P + 0*B = 14.5$

- Schließlich destillieren Sie aus der vierten Rechnung:

  $1*D + 0*F + 0*P + 1*B = 30$

Das alles verdichten Sie nun zu folgender Koeffizienten-Matrix:

$$\begin{pmatrix} 5 & 2 & 1 & 0 \\ 2 & 1 & 0 & 0 \\ 0 & -1 & 1 & 0 \\ 1 & 0 & 0 & 1 \end{pmatrix} \begin{pmatrix} 87 \\ 27.5 \\ 14.5 \\ 30 \end{pmatrix}$$

Ich will Sie nicht schikanieren; rate Ihnen deshalb ausdrücklich davon ab, die Lösung mit dem vorigen Programm zu versuchen. Weil Sie dort nämlich mit simplem Abziehen von Zeilen nicht mehr auskommen.

Wenn es auch – vom Prinzip her – mit der gleichen „Zu Fuß-Methode" geht.

Warten Sie noch ein Kapitel, wir kommen auf die Aufgabe später zurück!

13 Lösung linearer Gleichungssysteme mit Hilfe der Matrizen-Rechnung

13.1 Studienprogramm 1

Sie sollen nun Programme erhalten, mit denen Sie lineare Gleichungen lösen können – ohne dabei, wie in dem Programm zuvor – Ihrem Computer dabei gehörig zur Hand gehen zu müssen.

Ich habe lange überlegt, ob ich Ihnen dazu die „Matrizen-Inversion" nach der bisherigen „zu Fuß"-Methode erklären soll.
Ich werde davon absehen.

Statt dessen biete ich Ihnen drei Programme mit hinreichenden Erklärungen, die wohl keinen Wunsch mehr offen lassen.

Während die ersten beiden für Sie interessant sein können, wenn Sie den emsigen Rechungen des Computers folgen wollen, ist das dritte ein Arbeitsprogramm für Ihre Programmbibliothek:

- Sie geben die Gleichungen ein . . .
- Der Computer gibt Ihnen (nur) die Lösung aus.

Nun zu Programm 1:

- Es wird Ihnen eine Menge Daten auf den Schirm werfen.
  – Besitzen Sie ein Gerät mit 25 – oder mit 40 Z/Z-Bildschirm, begnügen Sie sich zur Verfolgung des Programms mit dem Gleichungssystem:

$$\begin{aligned} X + Y &= 3 \\ X - Y &= -1 \end{aligned}$$

Die Koeffizienten-Matrix dazu lautet:

$$\begin{pmatrix} 1 & 1 \\ 1 & -1 \end{pmatrix} \qquad \begin{pmatrix} 3 \\ -1 \end{pmatrix}$$

– Besitzen Sie ein Gerät für 64- oder 80 Z/Z, dann nehmen Sie:

$$\begin{aligned} X + 2Y + 3Z &= 14 \\ 4X - 5Y + 6Z &= 12 \\ X - 2Y + 3Z &= 6 \end{aligned}$$

Die Koeffizienten-Matrix dazu lautet:

$$\begin{pmatrix} 1 & 2 & 3 \\ 4 & -5 & 6 \\ 1 & -2 & 3 \end{pmatrix} \begin{pmatrix} 14 \\ 12 \\ 6 \end{pmatrix}$$

Ich möchte nicht mißverstanden werden:

- Das Programm bewältigt auch andere lineare Gleichungen mit noch mehr Unbekannten – wenn Ihre Gleichungen nur den Regeln entsprechen.
  Sie haben nur bei kleinen Bildschirmformaten Mühe, das Ergebnis zu studieren!

Nun zur Wirkungsweise des Programms:

- Nach Eingabe der *Koeffizienten-Matrix* bildet es diese auf dem Bildschirm ab und malt rechts daneben eine Einheitsmatrix. Für die 2x2-Matrix sieht das so aus:

$$\begin{pmatrix} 1 & 1 \\ 1 & -1 \end{pmatrix} \begin{pmatrix} 3 \\ -1 \end{pmatrix} \begin{pmatrix} 1 & 0 \\ 0 & 1 \end{pmatrix}$$

Lösungs-Vektor
hinzugefügte Einheits-Matrix
eingegebene Koeffizienten-Matrix

- Das Programm hat nun den Ehrgeiz, durch Zeilen- und Spaltenmanipulationen das Werk so umzustellen, daß

– anstelle der von Ihnen eingegebenen Koeffizienten-Matrix eine Einheitsmatrix erscheint.

– an der Stelle, wo oben die Einheismatrix steht, erscheint die Inverse der Koeffizienten-Matrix

– aus dem dazwischenstehenden Lösungsvektor können Sie dann den Wert der Unbekannten X und Y ablesen. Das wird dann so aussehen:

$$\begin{pmatrix} 1 & 0 \\ 0 & 1 \end{pmatrix} \qquad \begin{pmatrix} 1 \\ 2 \end{pmatrix} \qquad \begin{pmatrix} .5 & .5 \\ .5 & -.5 \end{pmatrix}$$

Inverse der eingegebenen Koeffizienten-Matrix

Lösungs-Vektor
X = 1; Y = 2

Einheitsmatrix

- In den Zeilen 260 bis 290 wird zunächst geprüft, ob eine Spalte der Koeffizienten-Matrix nur „Nullen" enthält. Ist das der Fall, wird die Rechnung abgebrochen, weil die Aufgabe nicht lösbar ist. Warum? Lauter „Nullen" in einer Spalte bedeutet doch, daß die betreffende Unbekannte überhaupt nicht aufgeführt ist!
- Zur Erzeugung der Einheitsmatrix beginnt das Programm bei dem Element A(1,1) und multipliziert es – sowie die ganze Zeile, in der A(1,1) steht – mit 1/A(1,1).
  (Zeilen 360 bis 390)
- Nun müssen an den übrigen Plätzen der Spalte „Nullen" erzeugt werden.
  Dazu wird die oben erarbeitete Zeile mit dem Element multipliziert, an dessen Stelle die ‚0' stehen soll. Die so entstandene Zeile wird sodann von derjenigen Zeile abgezogen, in der die ‚0' erscheinen soll.
  Diese Operationen werden in den Zeilen 400 bis 450 durchgeführt.
- Die beschriebenen Operationen werden nun spalten- bzw. zeilenweise wiederholt.
- Alle Operationen verlaufen innerhalb der Schleife 260 bis 470
  Es sind insgesamt $Z*S^2$ Schleifen zu durchfliegen. Das bedeutet für ein System mit 2 Unbekannten 16, für eines mit drei Unbekannten 48 und eines für vier Unbekannte schon 100 Schleifenoperationen, bis ab Zeile 480 das Ergebnis ausgegeben werden kann. Sie erkennen bei der Arbeit mit dem Programm, daß das eine Weile dauert!

```
10 CLS
12 REM FRAGE NACH DER ZAHL DER GLEICHUNGEN
14 REM ES MUESSEN SOVIELE GLEICHUNGEN VORLIEGEN
16 REM WIE UNBEKANNTE VORHANDEN SIND
20 PRINT"WIEVIELE GLEICHUNGEN LIEGEN VOR ?"
30 INPUT Z
40 S=2*Z+1
50 DIM A(Z,S)
60 CLS
65 REM ES WERDEN NUR DIE KOEFFIZIENTEN
66 REM DES GLEICHUNGSSYSTEMS EINGEGEBEN
67 REM LOESUNGSVEKTOR ALS WERT Z+1 EINGEBEN !
70 PRINT"GEBEN SIE DIE KOEFFIZIENTEN DER"
80 PRINT"MATRIX WIE FOLGT EIN :"
90 PRINT"=================================================="
95 REM EINGABE 100 BIS 170
100 FOR I=1 TO Z
110 PRINT"FUER DIE MATRIX-ZEILE :";I
120 FOR J=1 TO Z+1
130 PRINT"KOEFFIZIENT :";J
140 INPUT A(I,J)
150 NEXT J
160 CLS
170 NEXT I
172 REM ERZEUGEN EINER EINHEITSMATRIX IN 180 BIS 240
174 REM IN DEN SPALTEN Z+2 BIS S
176 REM ZUNAECHST WERDEN ALLE WERTE AUF 0 GESTZT
178 REM (ZEILEN 180 BIS 210)
180 FOR I=1 TO Z
190 FOR J=Z+2 TO S
200 A(I,J)=0
210 NEXT J : NEXT I
212 REM DIE ELEMENTE IN DER DIAGONALEN WERDEN
214 REM AUF 1 GESETZT
216 REM ZEILEN 220 BIS 240
220 FOR I = 1 TO Z
230 A(I,I+Z+1)=1
240 NEXT I
245 REM AUSDRUCK DER ERSTEN ERZEUGTEN MATRIX
246 REM IN UPRO AB 510
250 GOSUB 510
252 REM SUCHEN ,OB EINE SPALTE NUR 0 ENTHAELT
254 REM DANN ABBRUCH,DA NICHT LOESBAR
256 REM IN ZEILEN 270 BIS 290
260 FOR I=1 TO Z
270 FOR J=I TO Z
```

```
280 IF A(J,I)<>0 THEN 310
290 NEXT J
300 GOTO 610
305 REM VERTAUSCHEN VON A(I,K) GEGEN A(J,K)
310 FOR K=1 TO S
320 X=A(I,K)
330 A(I,K)=A(J,K)
340 A(J,K)=X
350 NEXT K
355 REM MULTIPLIKATION DER SPALTEN MIT Y
356 REM IN ZEILE 370 BIS 390
360 Y=1/A(I,I)
370 FOR K=1 TO S
380 A(I,K)=Y*A(I,K)
390 NEXT K
395 REM DIE GLEICHUNG WIRD VON DER AKTUELLEN
396 REM ZEILE ABGEZOGEN (IN 440)
400 FOR J=1 TO Z
406 REM IN 310 BIS 350
410 IF J=I THEN 460
420 Y=-A(J,I)
430 FOR K=1 TO S
440 A(J,K)=A(J,K)+Y*A(I,K)
450 NEXT K
460 NEXT J
465 REM WIEDERHOLUNG DER OPERATION FUER DIE
466 REM NAECHSTE ZEILE ( NEXT I )
470 NEXT I
475 REM FESTLEGEN DES AUSGABEFORMATES IN 480,510
476 REM ACHTUNG ! GILT NUR FUER 40 Z/Z !
480 M=5:N=1:P=(3+Z)*40
490 GOSUB 520
500 END
510 M=5:N=1:P=2*40
520 FOR I=1 TO Z
530 FOR J=1 TO S
535 REM RUNDEN VON A(I,J) AUF 3 STELLEN IN 540
540 A(I,J)=INT(A(I,J)*1000+.5)/1000
545 REM AUSGABEZEILE IST ZEILE 550
550 PRINT @((M*N)+P),A(I,J);
560 N=N+1
570 NEXT J
580 P=P+40:N=1
590 NEXT I
600 RETURN
610 PRINT"KEINE EINDEUTIGE LOESUNG MOEGLICH!"
620 END
```

13.2 Studienprogramm 2

Dieses ist im wesentlichen so aufgebaut wie Programm 1.

- Eingegeben wird wieder die Koeffizienten-Matrix.
- Bei der Ausgabe wird auf Wiedergabe der invertierten Matrix verzichtet. Es wird nur – zum „Beweis"! – die erzeugte Einheitsmatrix sowie in der letzten Spalte der Lösungsvektor mit den Ergebnissen dargestellt.

```
10 CLS
12 REM FRAGE NACH DER ZAHL DER GLEICHUNGEN
14 REM ES MUESSEN SOVIELE GLEICUNGEN VORLIEGEN
16 REM WIE UNBEKANNTE VORHANDEN SIND
20 PRINT"WIEVIELE GLEICHUNGEN LIEGEN VOR ?"
30 INPUT Z
40 S=Z+1
50 DIM A(Z,S)
60 CLS
65 REM ES WERDEN NUR DIE KOEFFIZIENTEN
66 REM DES GLEICHUNGSSYSTEMS EINGEGEBEN
70 PRINT"GEBEN SIE DIE KOEFFIZIENTEN MATRIX "
80 PRINT"WIE FOLGT EIN :"
90 PRINT"======================================="
95 REM EINGABE 100 BIS 170
100 FOR I=1 TO Z
110 PRINT"FUER DIE MATRIX-ZEILE ";I
120 FOR J=1 TO S
130 PRINT"KOEFFIZIENT ";J;
140 INPUT A(I,J)
150 NEXT J
160 CLS
170 NEXT I
175 REM MATRIZENUMWANDLUNG ZEILE 180
176 REM BIS ZEILE 390
177 REM (UMWANDLUNG IN EINHEITS-MATRIX)
180 FOR I=1 TO Z
190 FOR J=I TO Z
200 IF A(J,I)><0 THEN 230
210 NEXT J
220 GOTO 550
230 FOR K=1 TO S
240 X=A(I,K)
250 A(I,K)=A(J,K)
260 A(J,K)=X
270 NEXT K
280 Y=1/A(I,I)
```

```
290 FOR K=1 TO S
300 A(I,K)=Y*A(I,K)
310 NEXT K
320 FOR J=1 TO Z
330 IF J=I THEN 380
340 Y=-A(J,I)
350 FOR K=1 TO S
360 A(J,K)=A(J,K)+Y*A(I,K)
370 NEXT K
380 NEXT J
390 NEXT I
400 CLS
405 REM AUSGABE DER EINHEITS-MATRIX
410 PRINT"DIE EINHEITSMATRIX WIRD IN DEN SPALTEN"
420 PRINT"1 BIS ";S-1;" AUSGEGEBEN."
430 PRINT
440 PRINT"DIE WERTE DER UNBEKANNTEN STEHEN"
450 PRINT"IN SPALTE ";S
460 PRINT"========================================"
461 REM IN ZEILE 470 WIRD DAS AUSGABEFORMAT FUER MATRIZEN
462 REM BELIEBIGER SPALTENZAHL FESTGELEGT
463 REM P=10*40 BEDEUTET:WEGEN DER UEBERSCHRIFT BEGINNT
464 REM DER AUSDRUCK AB ZEILE 10
465 REM DIE ZAHL 40 GILT FUER SYSTEME,
466 REM DIE 40 ZEICHEN/ZEILE AUSGEBEN.
467 REM BEI ANDEREN SYSTEMEN ZEILEN 470,530
468 REM ENTSPRECHEND ABAENDERN !
470 M=5:N=1:P=10*40
480 FOR I=1 TO Z
490 FOR J=1 TO S
500 PRINT@((M*N)+P),A(I,J);
510 N=N+1
520 NEXT J
530 P=P+40:N=1
540 NEXT I
550 END
```

13.3 Das Programm für Ihre Bibliothek

Sie handhaben das Programm wie folgt:

- Es fragt Sie zunächst – wie üblich – nach der Zahl der Unbekannten und dimensioniert danach die Matrix.

- Dann fragt es nach den Namen der Unbekannten. Diese müssen ja nicht immer X oder Y heißen!
  Sie hatten z. B. bei der Textaufgabe auf Seite 75 die Unbekannte **D** für **D**atencassette, **B** für Fach**B**uch genannt usw.
  Sie geben also in den Zeilen 140 bis 170 der Reihe nach die von Ihnen gewählten Namen für die Unbekannten Ihrer Gleichungen ein.

- Ihre – hoffentlich gültigen – Gleichungen können Sie nun so eingeben, wie der Computer das versteht, also z. B.

  1*A + 2*B + 0*C + 0*D = 23

  Sie brauchen sich also nicht die Mühe zu machen, erst eine Koeffizienten-Matrix aufzustellen.

- Wie Sie sehen, wird in Zeile 220 jede eingegebene Gleichung als *String* B$ (I) eingegeben und anschließend in den Zeilen 250 bis 360 so „zerlegt", daß nur die Koeffizienten übrig bleiben.

- Am Ende dieser Operation – in Zeile 360 – hat das Programm die Koeffizienten Ihrer Gleichungen als Z*S numerische Variable D(C) gewonnen.
  Diese werden in den Zeilen 400 bis 450 zu einer Z*S-Matrix zusammengesetzt; diese Technik kennen Sie aus unserem Beispiel, Seite 18

- Die Berechnung geschieht in den Zeilen 470 bis 700; dieser Teil des Programms stimmt mit den entsprechenden Teilen der beiden vorigen Programme überein.

- Ausgegeben werden ab Zeile 730 nur die Ergebnisse, wobei für die Unbekannten die Namen gegeben werden, die Sie zu Anfang festgelegt hatten. Also beispielsweise:

  A = . . .
  D = . . .
  F = . . . usw.

Da die Ergebnisse untereinander ausgegeben werden, haben Sie jetzt keinerlei Beschränkungen hinsichtlich des Zeilenformats Ihrer Maschine.

```
10 CLS
20 CLEAR 500
30 C=0
40 REM FRAGE NACH DER ZAHL DER UNBEKANNTEN
50 PRINT"WIEVIELE UNBEKANNT LIEGEN VOR ?"
60 INPUT Z
70 S=Z+1
80 REM DIMENSIONIERUNG DER KOEFFIZIENTEN-MATRIX IN 90
90 DIM F(Z,S)
100 DIM D(60)
110 CLS
120 REM ES WERDEN DIE NAMEN DER UNBEKANNTEN ABGEFRAGT
130 REM Z.B. X ODER A IN 140-170
140 FOR J=1 TO Z
150 PRINT"BEZEICHNUNG DER UNBEKANNTEN ";J;
160 INPUT A$(J)
170 NEXT J : CLS
180 REM EINGABE DER GLEICHUNGEN ALS STRING B$(I)
190 REM IN ZEILE 220
200 FOR I=1 TO Z
210 PRINT"GLEICHUNG ";I;" EINGEBEN !"
220 INPUT B$(I)
230 REM ZERLEGUNG DES STRING B$(I)
240 REM AB ZEILE 250
250 FOR J=1 TO LEN(B$(I))
260 IF MID$(B$(I),J,1)="*" THEN 280
270 GOTO 330
280 C=C+1
290 REM GEWINNUNG VON Z*S VARIABLEN D(C) IN 300,350
300 D(C)=VAL(LEFT$(B$(I),J-1))
310 B$(I)=RIGHT$(B$(I),(LEN(B$(I))-(J+1)))
320 J=1
330 NEXT J
340 C=C+1
350 D(C)=VAL(RIGHT$(B$(I),(LEN(B$(I))-1)))
360 NEXT I
370 REM UMWANDLUNG DER VARIABLEN D(1) BIS D(Z*S)
380 REM IN DIE KOEFFIZIENTEN-MATRIX F(I,J)
390 REM IN DEN ZEILEN 400 BIS 450
400 FOR I=1 TO Z
410 FOR J=1 TO S
420 L=(I-1)*S+J
430 F(I,J)=D(L)
440 NEXT J
450 NEXT I
460 CLS:PRINT"DIE BERECHNUNG LAEUFT !"
470 FOR I=1 TO Z
480 REM SUCHEN DER ERSTEN GLEICHUNG MIT EINEM KOEFFIZIENTEN
490 REM <>0 IN DER SPALTE IN 500 BIS 520
```

```
 500 FOR J=I TO Z
 510 IF F(J,I)><O THEN 550
 520 NEXT J
 530 PRINT"ES GIBT KEINE EINDEUTIGE LOESUNG !"
 540 GOTO 1000
 545 REM VERTAUSCHEN VON F(I,K) GEGEN F(J,K)
 546 REM IN 550 BIS 590
 550 FOR K=1 TO S
 560 X=F(I,K)
 570 F(I,K)=F(J,K)
 580 F(J,K)=X
 590 NEXT K
 595 REM IN DIE ERSTE <>O-SPALTE DER AKTUELLEN ZEILE
 596 REM WIRD EIN 1/KOEFFIZIENT GEHOLT
 597 REM (ZEILEN 600 BIS 630)
 600 Y=1/F(I,I)
 610 FOR K=1 TO S
 620 F(I,K)=Y*F(I,K)
 630 NEXT K
 635 REM DIE AKTUELLE GLEICHUNG WIRD VON DEN ANDEREN
 636 REM ZEILEN SUBTRAHIERT.
 637 REM (IN 640 BIS 700)
 640 FOR J=1 TO Z
 650 IF J=I THEN 700
 660 Y=-F(J,I)
 670 FOR K=1 TO S
 680 F(J,K)=F(J,K)+Y*F(I,K)
 690 NEXT K
 700 NEXT J
 705 REM WIEDERHOLUNG DER OPERATION FUER
 706 REM ALLE UEBRIGEN GLEICHUNGEN
 710 NEXT I
 720 CLS
 730 PRINT"DIE LOESUNG LAUTET :"
 740 PRINT"===================="
 750 PRINT
 760 FOR J=1 TO Z
 770 PRINT A$(J);"=";F(J,S)
 780 NEXT J
1000 END
```

14 Übungsaufgaben

Nur Übung macht den Meister!
Die schönen Programme zur Lösung linearer Gleichungen allein nützen Ihnen wenig. In aller Regel müssen Sie – ohne Ihren Computer – die Voraussetzungen für ein Arbeiten mit den Programmen mühsam selbst schaffen:

Sie müssen aus gegebenen Umständen, Tatsachen, Beobachtungen erst die Gleichungen aufstellen, die Ihnen Ihr Computer lösen soll.

Damit Sie ein wenig Gelegenheit erhalten, dies zu üben, habe ich ein paar einschlägige Aufgaben für Sie formuliert. Ich hoffe, sie gefallen Ihnen!

Aufgabe 1:
Ein Bankleiter hat neben überwiegend honorigen auch drei ausgesprochen faule Kunden. Es sind dies die Herren B. **T**rüger, H. **K**nappkasse sowie Frau L. **S**orglos.

Für die Vorbereitungen zu seiner Bilanz beschließt er, seine Forderungen an die drei Herrschaften unter der Überschrift „Uneinbringlich" abzubuchen.

Leider kann er im Augenblick nicht an die Konten heran, da seine Sekretärin abwesend ist. So muß er sich auf sein vorzügliches Gedächtnis verlassen. Er setzt sich an seinen Schreibtisch und beginnt:

- Gesamtsumme der uneinbringlichen Forderungen 75 000.– DM
- Frau **S**orglos schuldet 10 000.– DM weniger als Herr **K**nappkasse.
- Die Verbindlichkeiten des Herrn **K**nappkasse betragen 1/3 aller Forderungen.

Bitte setzen Sie die Rechnung des Bankdirektors fort und sagen Sie ihm die Schulden der Herrschaften B, S und K!

Aufgabe 2:
Der Hobbychemiker Ideenreich kauft sich in einer Chemikalienhandlung 50 g einer Lösung, die aus den Substanzen A, B, C und D besteht.

- In der Lösung ist von Substanz B dreimal so viel enthalten wie von Substanz C.
- Von Substanz A ist halb so viel enthalten wie von Substanz D.

Unser Chemiker will seine Mischung noch veredeln. Er stellt das Gefäß mit der Lösung auf die Waage und mischt noch die doppelte Menge von A, das dreifache von C und 75 % von D hinzu. Am Ende seiner Operation zeigt die Waage: 130 g.

Finden Sie heraus, vieviel Gramm von den Substanzen A. . .D beim Einkauf in seinem Behälter waren.

Aufgabe 3:
Ein Apotheker hat für einen Kunden aus den Bestandteilen Vaseline, Zink und Kamille 32 g einer Handsalbe gemischt.

Als der Kunde wieder erscheint und die vorzügliche Salbe nachkaufen will, hat unser Apotheker die Rezeptur verloren.

Er erinnert sich aber, daß die Vaseline 4 mal so viel wog wie die Kamille. Seinem Gehilfen fällt ein, daß er s. Zt. das Zink nach der Kamille abgewogen hat und dazu ein 2-g-Gewichtstück zusätzlich auf die Waage gelegt hatte.

Bitte rekonstruieren Sie die Rezeptur für unseren Apotheker!

Aufgabe 4:

- Die Firma Meier bietet vier Artikel an mit der Bezeichnung A, B, C, und D.
  Läßt man sich – gegen Berechung des vollen Preises – von jedem Artikel ein Muster schicken, dann lautet die Rechnung über DM 850.–
- Ein Blick in die Preisliste der Firma Meier zeigt unter anderem:
  - Produkt D ist dreimal so teuer wie Produkt A
  - Produkt A kostet nur die Hälfte von Produkt B

- Weiter mit der Story:
  - Ein Kunde erhielt kürzlich eine Lieferung, bestehend aus:

    1 Stück A
    2 Stück C
    1 Stück D

    Kaum hatte er die Gesamtrechnung über DM 900.– bezahlt, mußte er feststellen, daß der Artikel D einen Fehler hatte. Mit einem Protestbrief schickte er D zurück, und – da er gerade beim Schreiben war – bestellte er noch 5 Stück von Artikel B.

  Nach 14 Tagen erhielt er von der Firma Meier:
  - einen Entschuldigungsbrief wegen des Fehlers an D
  - Die 5 bestellten Artikel B
  - eine Rechnung über DM 700.–

    Diese Rechnung galt für die 5 Produkte B, war aber bereits um eine Gutschrift für das defekte Produkt D verringert worden.

- Dieser treue Abnehmer der Firma Meier machte leider kurz darauf pleite. Neben anderen fand der Konkursverwalter die Produkte der Firma Meier in der Konkursmasse.
  Bei der Versteigerung dieses Postens konnte der Auktionator für ein Produkt C noch 90 % des ursprünglichen Kaufpreises erzielen, da es noch originalverpackt war. Für alle übrigen Posten erzielte er nur noch 50 % des ursprünglichen Preises. Die Gläubiger erhielten aus dieser Transaktion den Betrag von DM 900.–
- Aufgabe: Bestimmen Sie die Preise für A, B, C und D!

Aufgabe 5:
Die Verrechnung innerbetrieblicher Leistungen
In mittleren und großen Unternehmen gibt es oft Betriebsabteilungen, die nur zu einem Teil ihrer Kapazität an der Schaffung der Produkte beteiligt sind, die das Unternehmen am Markt absetzt. Zu einem anderen Teil werden Leistungen für andere Abteilungen der Firma erbracht.

- Die Tischlerei wurde eingerichtet, um Verpackungskisten für die empfindlichen Maschinen zu zimmern, die das Unternehmen ver-

kauft. Diese Kosten werden direkt den Produktkosten zugeschlagen; das Unternehmen holt sie sich über den Preis vom Markt wieder.
Es hat sich eingebürgert, daß die Tischler hin und wieder ein Regal für die Druckerei des Hauses zimmern oder für den Fuhrpark einen Unterstand für Geschäftsfahrzeuge bauen. Diese Kosten kommen in der Regel über den Preis der Maschine nicht wieder vom Markt zurück. Sie verschwinden in dem bodenlosen Topf der „Gemeinkosten" weil sie sich nicht direkt einem bestimmten Produkt zuordnen lassen.

- Das gleiche Unternehmen hat vor Jahren eine Druckerei eingerichtet, in der Prospekte und Bedienungsanleitungen für die Maschinen gedruckt werden sollen.
  Inzwischen werden dort aber auch Berichte, Formulare usw. für andere Stellen des Hauses gedruckt.
- Der Fuhrpark schließlich transportiert inzwischen längst nicht mehr nur die Maschinen zu den Kunden. Ein Teil der Transportkapazität wird auch für interne Zwecke eingesetzt.
  - Papierholen für die Druckerei.
  - Holz, Material heranschaffen für die Tischlerei. usw.

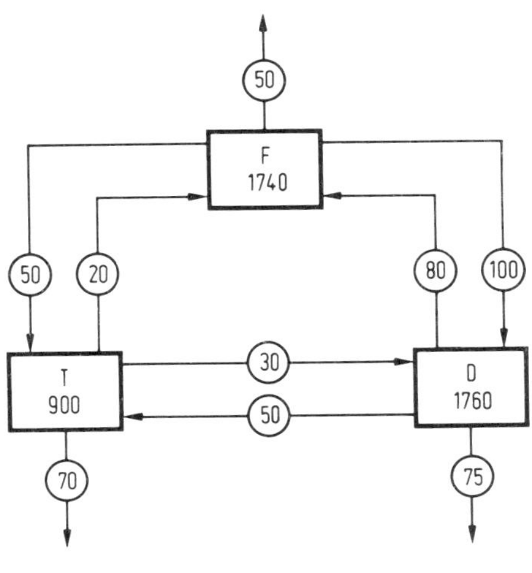

Abb. 3

In der Abb. 3 sind die Verhältnisse für die drei Betriebsabteilungen F, T und D dargestellt.

- Jede Abteilung liefert zunächst einen Teil seiner Leistungen an den Markt. Diese sind in den von jeder Abteilung nach außen weisenden Pfeilen eingetragen.

- Sodann beliefern sich die Abteilungen untereinander. Die Abteilung F z. B. liefert „50“ an die Tischlerei und „100“ an die Druckerei; wobei es hier unerheblich ist, ob die Zahlen „DM“, „verrechnete Stunden“ o. ä. bedeuten.

- Last – but not least – entstehen in jeder Abteilung direkte Kosten; z. B. für:
  - die Löhne der dort Beschäftigten.
  - die Anschaffung und Unterhaltung der eingesetzten Maschinen usw.

  Diese *Primär*-Kosten sind in die Rechtecke eingetragen, die die Abteilungen F, T, und D symbolisieren.

Um die Kosten für jede Abteilung berechnen zu können, braucht man neben den o. g. *Primär*kosten noch diejenigen Kosten, die durch den innerbetrieblichen Leistungsaustausch von F nach D und T; von T nach F und D usw. entstehen. Diese Kosten nennt man *Sekundär*-Kosten.

Die Berechnungen der endgültigen Kosten geschieht in einem System linearer Gleichungen. Betrachten Sie zunächst die Abteilung F:

- Die Abteilung F gibt insgesamt 50+50+100=200 Leistungseinheiten ab. Damit werden Kosten von 200 F weitergegeben.
- Die Primärkosten der Abteilung F betragen 1740
- Abteilung F empfängt von Abteilung T und D Leistungen. Damit entstehen Sekundärkosten von 20 T und 80 D.

- Da die *Primärkosten plus der empfangenen Leistungen gleich sein müssen den Kosten für die abgegebenen Leistungen,* kann man folgende Gleichung aufstellen:

$$200\ F = 1740 + 20\,T + 80\,D$$

oder: $200*F - 20*T - 80*D = 1740$

Ihre Aufgabe:

- Stellen Sie – in der gleichen Form wie oben unterstrichen – die noch fehlenden Gleichungen für die Abteilungen T und D auf.
- Berechnen Sie die Verrechnungspreise F, T und D mit Hilfe der Matrizenrechnung!

15 Sie lösen Optimierungsprobleme

In diesem Abschnitt geht es darum, zu einem System von (Un-)-Gleichungen *eine* Lösung – von mehreren möglichen – zu finden, die unter vorgegebenen Randbedingungen *optimal* ist.
Das klingt nicht nur kompliziert. Es ist auch kompliziert!
Die Suche nach einer optimalen Lösung kann dabei unter zwei Gesichtspunkten erfolgen:

- *Maximierung*
  Gegebene (wirtschafliche) Möglichkeiten sollen so eingesetzt werden, daß sich ein *maximaler* (wirtschaftlicher) *Gewinn* einstellt.

- *Minimierung*
  Ein (wirtschaftliches) Ziel soll mit einem *Minimum* an (wirtschaftlichem) *Aufwand* erreicht werden.

Wenn Sie – vieleicht aus beruflichen Gründen – tiefer in die Materie eindringen wollen, empfehle ich Ihnen die Lektüre der im Anhang aufgeführten Literatur, weil wir hier zwangsläufig doch etwas an der Oberfläche bleiben müssen. Schließlich wollen wir Basic einsetzen, und nicht in die Theorie der Optimierung eindringen.

Sie werden in der Literatur auf zwei Begriffe stoßen, die ich Ihnen hier wenigstens vorstellen will.

- *Lineare Programmierung*
  Das Wort „linear" deutet darauf hin, daß wir es mit linearen Systemen zu tun bekommen. Lesen Sie nach, was auf Seite 68, 69 dazu gesagt ist.
  Das Wort „Programmierung" ist hier eher irreführend. Es hat auf keinen Fall etwas mit Programmieren im Sinne von . . . „in diesem Buch programmieren wir den Computer in Basic". . . zu tun.

Verstehen Sie das so:
Die Lösung der vor uns liegenden Aufgaben geschieht in mehreren Einzelschritten nach einem exakt vorgegebenen Lösungsschema; nach einem „Programm".

- *Simplex-Methode*
  So heißt das erwähnte Lösungs-„Programm". Es wurde bereits in den 40er Jahren von G. B. Dantzig in den USA zum ersten Mal vorgestellt. Es ist inzwischen zu der am besten erforschten und dokumentierten Methode zur Lösung von Optimierungsproblemen – insbesondere im Bereich der Betriebswirtschaft – entwickelt worden.

Genug der Vorrede. Ich schlage vor, wir machen uns an die Arbeit!
Ihr Computer hat übrigens jetzt für ca. eine Stunde Pause.
Beginnen wir mit der

15.1 Maximierung

Als Betriebsleiter haben Sie die Aufgabe, das Produktionsprogramm der Woche so aufzustellen, daß Ihr Unternehmen den maximal möglichen Gewinn erwirtschaftet.

Dabei ist – wie schön für Sie! – unterstellt, daß auch alles verkauft wird, was Sie produzieren lassen.

Als Entscheidungsgrundlagen stehen Ihnen zur Verfügung:
(1) Sie produzieren zwei Produkte.
Wir nennen Sie P1 und P2

(2) Jedes Produkt muß zu seiner Herstellung nacheinander die drei Maschinen A, B und C durchlaufen.

(3) Die Bearbeitungszeiten der beiden Produkte P1 und P2 auf den Maschinen A, B und C sind unterschiedlich. Nämlich:

Bearbeitungszeit pro Stück auf Maschine (in Stunden)	Produkte P1	P2
A	2	1
B	1	1
C	1	3

(4) In Ihrem Betrieb sind vorhanden:

Maschine	Anzahl
A	5
B	3
C	6

(5) In Ihrem Betrieb fahren Sie die 40-Stunden-Woche. Sie haben also für die Produktion folgende Kapazitäten zur Verfügung:

Maschinen	Kapazität (in Stunden/Woche) (Anzahl Maschinen * 40 Stunden)
A	200
B	120
C	240

(6) Von Ihrer Vertriebsabteilung wissen Sie:

Produkt	Gewinn in DM/Stück
P1	2.–
P2	3.–

Mit diesen Vorgaben gilt es nun, das gewinnoptimale Produktionsprogramm aufzustellen.
Betrachten Sie zunächst die Kapazitäten der Maschinen A, isoliert von den beiden anderen.

- Sie haben eine Kapazität von 200 Std./Woche zur Verfügung.

- Wenn Sie diese nur für die Produktion von P1 einsetzen, dann können Sie in einer Woche max. 100 Stück P1 herstellen. Weil jedes Stück P1 eine Bearbeitungszeit von 2 Stunden erfordert. Klar?
- Sie können aber auch die Maschinen allein mit der Produktion von P2 auslasten. Sie erhalten in diesem Falle 200 Stück von P2
- Sie können sich aber auch für ein „Mix" entscheiden; meinetwegen:
  - 50 Stück von P1; das erfordert 100 Stunden
  - 100 Stück von P2; das erfordert auch 100 Stunden.

  Wenn Sie genügend nachdenken, können Sie noch eine Menge von Stückzahlkombinationen für die Maschinen A ausrechnen.

  Vergleichbare Überlegungen könnten Sie jetzt für die Maschinen B und C anstellen.

Rufen Sie sich Ihre Aufgabe in Erinnerung:

Sie sollen soviele Produkte P1 und P2 herstellen, daß Sie einen maximalen Gewinn erwirtschaften!

Versuchen Sie einmal, die Möglichkeiten der drei Maschinengruppen „formelhaft" zu erfassen. Beginnen wir wieder mit den Maschinen A.

Wir nennen die möglichen Stückzahlen von Produkt P1 ⟶ X1
von Produkt P2 ⟶ X2

Sie können formulieren:

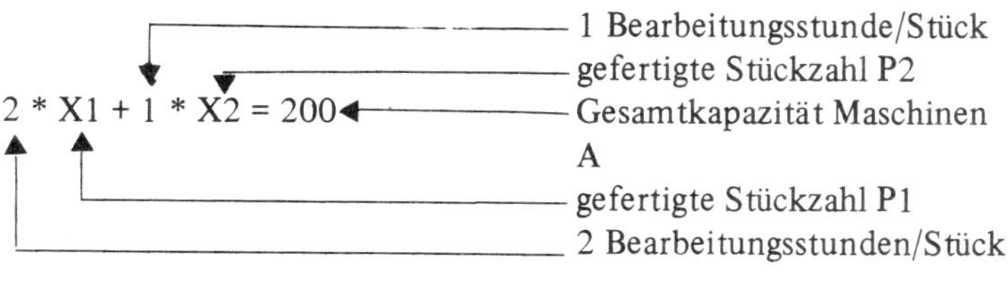

Diese Zeile beschreibt also die Mengenkombination bei voller Auslastung der Maschinen A; mehr ist „nicht drin"!

Bedingung für die obige „Gleichung" ist, daß für X1 und X2 nur Werte zugelassen sind, die nicht *kleiner* sind *als Null*! (Schließlich können Sie keine „negativen" Stückzahlen produzieren!)

Mathematisch heißt diese Bedingung:

$X1 \geqslant 0 ; X2 \geqslant 0$

(Nicht-Negativitätsbedingung)

Treten für Maschinen A Leerzeiten auf, dann wird die Summe 2*X1+2*X2 kleiner sein als 200.

Sie können deshalb – zunächst in Worten – behaupten:
. . . "Ich kann von P1 und P2 auf den Maschinen A soviel herstellen, bis die Gesamt-Bearbeitungszeit kleiner oder gleich 200 Stunden ist" . . .

Mathematisch drücken Sie das so aus:

$2*X1 + 1*X2 \leqslant 200$

Damit haben Sie eine *Ungleichung* aufgestellt.
Tun Sie das nach den gleichen Gesichtspunkten auch für die Maschinen B und C, so erhalten Sie:

- *Maschinen B* $1*X1 + 1*X2 \leqslant 120$
- *Maschinen C* $1*X1 + 3*X2 \leqslant 240$

Für alle Ungleichungen gilt wieder die Bedingung:

$X1 \geqslant 0 ; X2 \geqslant 0$

Nun können weder Sie – noch Ihr Computer – mit Ungleichungen etwas anfangen. Es gilt, die drei Ungleichungen in drei Gleichungen umzuwandeln.

Das geschieht – wieder zunächst am Beispiel der Maschinen A – durch Einführung einer Hilfs- oder *Schlupfvariablen* nach dem Schema:

$2*X1 + 1*X2 + 1*Y1 = 200$

Die Schlupfvariable Y1 kennzeichnet die nicht genutzten Kapazitäten der Maschinen A

- Wenn Sie X1 und X2 so auswählen, daß $2*X1 + 1*X2 < 200$, dann sind die Maschinen A nicht voll ausgenutzt; es verbleibt eine „Restkapazität". Nennen Sie diese Y1, dann können Sie behaupten:

  Genutzte Kapazität + Restkapazität = Volle Kapazität = 200

Sinngemäß erhalten Sie für:

- *Maschinen B* 1*X1 + 1*X2 + 1*Y2 = 120
- *Maschinen C* 1*X1 + 3*X2 +1*Y3 = 240

Auf diese Weise erhalten Sie endlich drei Gleichungen, die wie folgt aussehen:

2*X1 + 1*X2 + 1*Y1 + 0*Y2 + 0*Y3 = 200
1*X1 + 1*X2 + 0*Y1 + 1*Y2 + 0*Y3 = 120
1*X1 + 3*X2 + 0*Y1 + 0*Y2 + 1*Y3 = 240

(Y2 bzw. Y3 sind die nicht genutzten Kapazitäten von B bzw. C!) Sie haben jetzt ein System von *drei* linearen Gleichungen mit *fünf* Unbekannten. Sie haben gelernt, daß dieses Gleichungssystem *nicht* lösbar ist.

Nun zu (6); dort ist etwas über den Gewinn gesagt.

- An einem Stück P1 verdienen Sie 2.– DM
- An einem Stück P2 verdienen Sie 3.– DM

- Produzieren Sie von P1 X1 Stück, beträgt der Anteil am Gesamtgewinn 2*X1 DM.
- Produzieren Sie von P2 X2 Stück, beträgt der Anteil am Gesamtgewinn 3*X2 DM

Ihre Aufgabe schreibt Ihnen vor, daß der Gesamtgewinn so groß wie möglich wird. Ihr *Ziel* muß also sein:

2*X1 + 3*X2 ——> MAX!

Diesen Ausdruck merken Sie sich bitte als *Ziel-Funktion*!

Ich habe lange überlegt, wie weit ich die Vorbereitungen bis zur Programmierung treiben soll. Bis hierher und nicht weiter!

Alles, was wir bis hierher betrieben haben, ist Analyse der vorgegebenen Daten sowie formelhafte Darstellung dieser Daten. Dabei hilft Ihnen kein Computer; bis hierher werden Sie auch in Zukunft allein marschieren müssen.

Aber von jetzt an können Sie das folgende Programm einsetzen. Es arbeitet nach der Simplex-Methode und fragt Sie zunächst einmal aus.

Damit Sie die Fragen Ihres Computers richtig beantworten können, ordnen wir unser Datenmaterial noch einmal wie folgt:

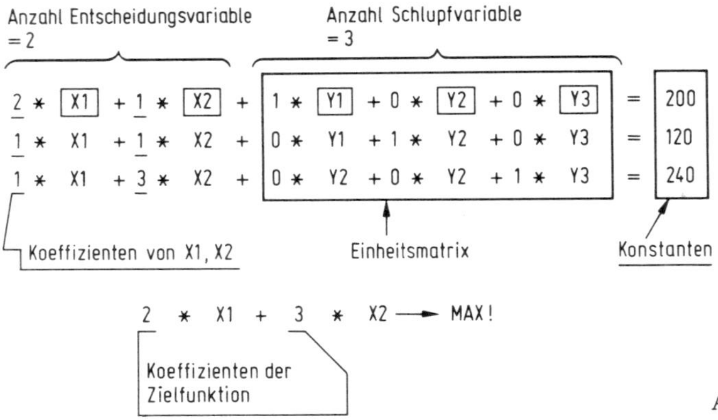

Abb. 4

In der *Abb. 4* finden Sie alle Fragen des Computers wieder sowie die Antworten darauf.

Haben Sie alles wahrheitsgetreu eingegeben, serviert Ihnen der Computer das *Simplex-Tableau* oder die *Ausgangslösung.*

Beachten Sie, daß bis zu der *Abb. 5* von „Rechnen" noch nicht die Rede sein kann! Was Sie in der Abbildung bewundern können, ist lediglich die Anordnung der Daten nach den Regeln der Simplex-Methode in einem Tableau. Betrachten Sie die Abbildung; einige Erklärungen bin ich Ihnen wohl noch schuldig!

Koeffizienten der Bestimmungs-Variablen — Einheits-Matrix — Konstanten

X1	X2	Y1	Y2	Y3	G	
2	1	1	0	0	0	200
1	1	0	1	0	0	120
1	1	0	0	1	0	240
-2	-3	0	0	0	1	0

Koeffizienten der Zielfunktion

Abb. 5

- Sie erinnern sich, daß Sie die Zahl der Schlupfvariablen mit „3“ eingegeben hatten. Der Computer hat sich daraus automatisch eine 3x3-Matrix gebastelt. (Zeilen 220 bis 280 des Programms)

- Die Koeffizienten der Zielfunktion hatten Sie – hoffentlich – mit „2“, „3“ eingegeben. Jetzt ist in der Abb. 5 daraus „–2“, „–3“ geworden.

  Dem liegt folgende Überlegung zugrunde:

  Zielfunktion ist: 2*X1 + 3*X2 ——> MAX!
  oder : 2*X1 + 3*X2 = G (für Gewinn)
  oder : –2*X1 – 3*X2 + 1*G = 0

  Sie haben nur „2“, „3“ – nämlich die „Koeffizienten der Zielfunktion – eingegeben; den Rest hat der Computer wieder automatisch besorgt.

  Alle übrigen, von Ihnen nicht eingegebenen Größen des Tabeleau's hat das Programm nach den Vorschriften der Simplex-Methode automatisch „vorbesetzt“.

Die Simplex-Methode werden Sie jetzt bei ihrer Arbeit kennenlernen. Das Programm ist „interaktiv“ aufgebaut. Das heißt, es fragt Sie zunächst nach Daten, über die Sie aufgrund der Problemaufbereitung verfügen müssen und verarbeitet Ihre Eingaben nach den im Programm eingebauten Rechenregeln. Schauen Sie sich deshalb auch die zahlreich ins Programm eingebauten REM's an, die Ihnen helfen, seine Arbeitsweise zu verstehen.

- Erste Frage des Computers:
  „Bestimmen Sie die Position der größten negativen Zahl in der letzten Zeile!“

  „Der Wert steht in Spalte?“

  Hierauf können Sie – unter Betrachtung des Tableau's – nur mit „2“ antworten.

  Diese Entscheidung für die „größte negative Zahl“ bedeutet – wirtschaftlich betrachtet – daß Sie sich die Variable heraussuchen müssen, die den größten Gewinn verspricht.

Daraufhin macht das Programm in den Zeilen 1510 bis 1560 folgende Operationen:

- Wert Zeile 1, Spalte 4 = A(1,4) geteilt durch den Wert Zeile 1, Spalte **2**
  Das ist: 200 / 1 = 200
- Operation in der zweiten Zeile:
  120 / 1 = 120
- Operation in der dritten Zeile:
  240 / 3 = 80

Äußerst wichtig für Funktion – und Verständnis – des Programms ist nun:

Betrachten Sie die Matrix als ein Lagerregal von Z*S Fächern, dann liegt in jedem Fach der zugehörige Matrixwert A (Z,S). Für die soeben beschriebene Operation werden die Werte A (2,S) NICHT verändert, sie werden nur „betrachtet" und der Operation unterzogen.

Deshalb heißt es auch:

1550 **C** (I,S) = **A** (I,S) / **A** (I,S1)

. . . .

1650 PRINT I, **C** (I,S)

Der Computer „zeigt" Ihnen also die Werte **C** (I,S) wie folgt:

„Die Werte der letzten Spalte haben sich verändert zu:"

Zeile	Wert Spalte 4
1	200
2	120
3	80
4	0

Es schließt sich die Frage an:
„Bestimmen Sie die Position des kleinsten Wertes!"
„Der Wert steht in Zeile?"

Darauf antworten Sie mit „3"; am Schnittpunkt von:

Spalte S1 = 2
Zeile Z1 = 3

ist das – laut Simplex-Methode sogenannte – „Pivot-Element" gefunden; es ist:

A (Z1, S1) = A (2,3) = 3

Die oben beschriebenen Operationen in der vierten Spalte dienen der Betrachtung der Maschinenauslastung; mit „80" haben Sie die Engpaßmaschine(ngruppe) gefunden, an der zu orientieren die Simplex-Methode Ihnen vorschreibt.

Im weiteren Fortgang des Programms muß die ausgewählte Spalte S1 = 2 zu einem „Einheitsvektor" gemacht werden.

Das heißt:

- an der Stelle des Pivot-Elementes muß eine „1" erzeugt werden.
- alle übrigen Elemente der „Pivot-Spalte" S1 = 2 werden zu 0.

Will man anstelle des Pivot-Elementes P eine „1" haben, dann braucht man P ja nur durch P zu teilen oder mit 1 / P zu multiplizieren.

3 * 1 / 3 = 1

Dieser Behandlung ist nach den Regeln der Matrizenrechnung natürlich die ganze „Pivot-Zeile" Z1 = 3 zu unterziehen! (Zeilen 1820 bis 1850)
Das Ergebnis ist eine „neue" Zeile 3!
Im Ausgangstableau lautet Zeile 3:

1	**3**	0	0	1	0	240

Ab Programmzeile 1850 lautet Zeile 3:

.333	**1**	0	0	.333	0	80

Damit ist „simplexgerecht" anstelle des Pivot-Elementes eine „1" erzeugt. Es müssen jetzt alle übrigen Elemente der Pivot-*Spalte* zu 0 werden.

In der Simplex-Vorschrift heißt es dazu trocken:
. . ."dazu werden geeignete Vielfache der neuen, dritten Zeile zu den Zeilen 1, 2, 4 addiert. . ."

Sie müssen also Ihrem Computer beibringen, was er unter „geeignete Vielfache" verstehen soll.

Beginnen wir mit Zeile 1:

Sie lautet z. Zt. immer noch:

2 [1] 1 0 0 0 200

[1] soll zu 0 werden, indem man ein „geeignetes Vielfaches" der neuen Zeile 3 addiert, nämlich der Zeile:

.333 1 0 0 .333 0 80

Vollziehen Sie einmal folgende Behauptungen nach:

Für diesen Fall gewinne ich ein „geeignetes Vielfaches" wie folgt:

- Gewinne den Kehrwert des Spaltenwertes der zu behandelnden Zeile. A (**1**,2) = 1 durch 1 / 1. Das ergibt hier auch 1!
- Invertiere diesen Wert! Das ergibt −1
- Multipliziere damit den in A (1,3) „sitzenden" Wert!

  −1 * 1 = −1

- Addiere das zu Zeile 1!

  1 + (−1) = 0

Uff! An der richtigen Stelle ist eine 0 erzeugt!

Dieses Spiel ist nun für alle Zeilen – außer Zeile 3, die ja schon „behandelt" war – anzuwenden. Das geschieht im Programm in den Zeilen 640 bis 730

Vielleicht sollten Sie das anhand des Programms und der Basis-Lösung auf dem Bildschirm noch einmal lesen, weil ich eine Schwierigkeit nicht verkenne, die dem Verständnis entgegensteht.

Das Ausgabetableau vor Augen, kann man leicht sagen: „Zeile 1, Spalte 1" usw.

Ein Programm muß aber *allgemeingültig* sein und auch eine 5x8-Matrix verarzten. Deshalb darf man für Spalten- und Zeilenzahl nur mit *Variablen* Z, Z1, S, S1 arbeiten!

Ist unser Programm in Zeile 730 gelandet, hat es den ersten Rechenlauf abgeschlossen und kann Ihnen die *erste Annäherung* – das verbesserte Tableau – liefern.

(Wissen Sie eigentlich noch, was Sie ermitteln wollen?)

Sie erhalten jedenfalls ein neues Tableau, das so aussieht:

X1	X2	Y1	Y2	Y3	G	
1,667	0	1	0	-,333	0	120
,667	0	0	1	-,333	0	40
,333	1	0	0	,333	0	80
-1	0	0	0	1	1	240

Hier steht noch ein negativer Wert

Gewinn der ersten Lösung

Abb. 6

- In der rechten, unteren Spalte steht schlicht: 240
  Das ist der in der ersten Näherung erzielte Gewinn!
- Sie erkennen, daß in der letzten Zeile noch ein *negativer Wert* steht.
  Das ist das Signal: Die Lösung ist noch nicht optimal!

Was sonst noch unter dem Tableau auf dem Schirm steht, können Sie ja selbst lesen. Nach Ihren Antworten auf die folgenden Fragen des Computers erhalten Sie jedenfalls ein neues Tableau:

X1	X2	Y1	Y2	Y3	G	
0	0	1	-2,5	,5	0	20
1	0	0	1,5	-,5	0	60
0	1	0	-,5	,5	0	60
0	0	0	1,5	,5	1	300

Abb. 7

Weil in der letzten Spalte keine negativen Werte mehr auftreten, läßt sich die Lösung nicht weiter verbessern, nicht weiter „optimieren“.

- Aus allen Spalten, in denen ein Einheitsvektor erzielt werden konnte, können Sie nun folgende Werte ablesen:

- X1 = 60
  Das heißt: Von Produkt P1 produzieren Sie *60 Stück*
- X2 = 60
  Das heißt: Von Produkt P2 produzieren Sie *60 Stück*
- G = 300
  Das heißt: Der maximal mögliche Gewinn unter den in der Aufgabenstellung gegebenen Bedingungen beträgt *300.– DM*
- Y1 = 20
  Das heißt: Auf der Maschinengruppe A bleibt eine ungenutzte Kapazität von *20 Stunden.*
  (Erinnern Sie sich an die Definition der „Schlupfvariablen Y. . .“?)

Zum Abschluß der Maximierungsaufgabe noch ein paar „programmtechnische“ Anmerkungen:

- Das Programm ist auf einem Gerät ausprobiert worden, das nur 40 Zeichen/Zeile auf dem Bildschirm ausgibt. Bei „einfacher“ Rechengenauigkeit und sieben Spalten wären jedoch für die Darstellung der Matrix mehr als 40 Z/Zeile nötig gewesen.
  Der Beschluß, deshalb auf drei Stellen nach dem Komma zu runden, führte bei den wiederholten Rechnungen zu eklatanten „Rundungsfehlern“.
  Deshalb ein Tip: (Gilt auch für vergleichbare Fälle!):
  Das Programm rechnet mit der üblichen Genauigkeit; gerundet wird *nur für die Ausgabe*! (Zeile 1240, 1250!!)

- Haben Sie Aufgaben, die noch größere Matrizen erfordern, dann arbeiten Sie *für die Ausgabe* mit B (I,J) = INT (A (I,J)) nach dem Beispiel der Zeilen 1240, 1250!

- Bei anderen „Schirm-Formaten“ beachten Sie:

– P = 4 * **40**	steht für **40** Z/Zeile!
– M = M + **5**	bedeutet „Zeichenbreite“ jeder abzubildenden Spalte!

- Zum Schluß erhalten Sie noch etwas zum Knobeln: Finden Sie Sinn und Zweck der Programmzeilen 640 und 1540 heraus!

```
LINEARE PROGRAMMIERUNG
      SIMPLEX-METHODE
TEIL 1 : MAXIMIERUNG


10 REM ABFRAGE UND EINGABE
20 REM DER RECHEN-GROESSEN
30 GOSUB 1330
40 PRINT"ANZAHL DER ENTSCHEIDUNGS-VARIABLEN ?"
50 INPUT X
60 PRINT:PRINT
70 PRINT"ANZAHL DER SCHLUPFVARIABLEN ?"
80 INPUT Y
90 Z=Y+1
100 REM DIMENSIONIEREN DER MATRIX
110 S=X+Y+2
120 DIM A(Z,S)
130 GOSUB 1330
140 FOR I=1 TO Z-1
150 PRINT"FUER DIE ZEILE ";I
160 FOR J=1 TO X
170 PRINT"KOEFFIZIENT FUER X";J;" EINGEBEN !";
180 INPUT A(I,J)
190 NEXT J : NEXT I
200 REM ERZEUGEN EINER EINHEITS-MATRIX
210 REM FUER DIE SCHLUPF-VARIABLEN
220 FOR I=1 TO Z-1
230 FOR J=X+1 TO X+Y
240 A(I,J)=0
250 NEXT J : NEXT I
260 FOR I=1 TO Z-1
270 A(I,I+X)=1
280 NEXT I
290 GOSUB 1330
300 FOR I=1 TO Z-1
310 PRINT"FUER DIE ZEILE ";I
320 PRINT"WERT DER KONSTANTEN EINGEBEN !";
330 INPUT A(I,S)
340 NEXT I
350 REM SETZEN DES MATRIX-ELEMNTES A(Z,S)
360 A(Z,S)=0
```

```
370 GOSUB 1330
380 FOR J=1 TO X
390 PRINT"FUER X";J
400 PRINT
410 PRINT"KOEFFIZIENT DER ZIELFUNKTION EINGEBEN !";
420 INPUT A(Z,J)
430 REM INVERTIEREN DER KOEFFIZIENTEN
440 REM DER ZIELFUNKTION
450 A(Z,J)=-A(Z,J)
460 NEXT J
470 REM VORBESETZEN DER UEBRIGEN
480 REM MATRIX - ELEMENTE
490 FOR J=X+1 TO X+Y
500 A(Z,J)=0
510 NEXT J
520 A(Z,S-1)=1
530 A(Z,S)=0
540 CLS
550 PRINT"        DAS BASIS-TABLEAU LAUTET :"
560 PRINT"========================================="
570 PRINT:PRINT
580 GOSUB 1210
590 PRINT:PRINT
600 REM LESEN SIE WEITER IN ZEILE 1390
610 GOSUB 1390
620 REM BEGINN DER ZEILEN-OPERATIONEN
630 REM ERKLAERUNG SIEHE TEXT !
640 IF Z1=1 THEN 690
645 FOR I=1 TO Z1-1
650 F1=-A(I,S1)
660 FOR J=1 TO S
670 A(I,J)=A(I,J)+F1*A(Z1,J)
680 NEXT J : NEXT I
690 FOR I=Z1+1 TO Z
700 F1=-A(I,S1)
710 FOR J=1 TO S
720 A(I,J)=A(I,J)+F1*A(Z1,J)
730 NEXT J : NEXT I
740 CLS
750 REM AUSGABE DER VERBESSERTEN LOESUNG
760 PRINT"      DIE VERBESSERTE LOESUNG LAUTET :"
770 PRINT"========================================="
780 PRINT:PRINT
790 GOSUB 1210
800 PRINT:PRINT
810 PRINT"PRUEFEN SIE,OB IN DER LETZTEN ZEILE"
```

```
820 PRINT"DER MATRIX NOCH NEGATIVE WERTE"
830 PRINT"ENTHALTEN SIND !"
840 PRINT
850 PRINT"IST DAS DER FALL, IST DIE LOESUNG NOCH"
860 PRINT"NICHT OPTIMAL !"
870 PRINT"==============="
880 PRINT
890 PRINT"WOLLEN SIE DIE LOESUNG VERBESSERN :"
900 PRINT"DANN DRUECKEN SIE......................1"
910 PRINT"WENN NICHT, DRUECKEN SIE..............0"
920 PRINT
930 PRINT"DANACH 'RETURN' !"
940 INPUT Q
950 IF Q=1 THEN 960 ELSE IF Q=0 THEN 1050 ELSE 940
960 CLS
970 PRINT"DIE MATRIX DER LETZTEN LOESUNG"
980 PRINT"LAUTET :................................"
990 PRINT"========================================"
1000 PRINT:PRINT
1010 GOSUB 1210
1020 PRINT:PRINT
1030 GOSUB 1390
1040 GOTO 640
1050 CLS
1060 PRINT"DIE MATRIX DER ENDGUELTIGEN LOESUNG"
1070 PRINT"LAUTET :................................"
1080 PRINT"========================================"
1090 PRINT:PRINT
1100 GOSUB 1210
1110 PRINT:PRINT
1120 PRINT"DAS MINIMUM DER ZIELFUNKTION "
1130 PRINT"BETRAEGT :..........";A(Z,S)
1140 PRINT"                         ========"
1150 PRINT
1160 PRINT"LESEN SIE NACH DER ANLEITUNG IM TEXT !"
1170 PRINT"AUS DER MATRIX DIE UEBRIGEN WERTE !"
1180 END
1190 REM AUSGABE-ROUTINE
1200 REM ERKAERUNG SIEHE TEXT !
1210 M=0:P=4*40
1220 FOR I=1 TO Z
1230 FOR J=1 TO S
1240 B(I,J)=INT(A(I,J)*1000+.5)/1000
1250 PRINT@(M+P),B(I,J);
1260 M=M+5
1270 NEXT J
1280 P=P+40:M=0
```

```
1290 NEXT I
1300 RETURN
1310 REM UPRO FUER EINGABE-TEIL
1320 REM (UEBERSCHRIFT)
1330 CLS
1340 PRINT"     EINGABE-TEIL ZUR ERZEUGUNG DES"
1350 PRINT"          SIMPLEX - TABLEAU'S"
1360 PRINT"========================================"
1370 PRINT:PRINT
1380 RETURN
1390 REM BESTIMMEN DES PIVOT-ELEMENTES"
1400 REM IN ZWEI SCHRITTEN."
1410 REM SCHRITT 1 :
1420 REM SUCHEN DER PIVOT-SPALTE
1430 PRINT"BESTIMMEN SIE DIE POSITION DES"
1440 PRINT"GROESSTEN NEGATIVEN WERTES IN"
1450 PRINT"DER LETZTEN ZEILE !"
1460 PRINT
1470 PRINT"DER WERT STEHT IN SPALTE :";
1480 INPUT S1
1490 REM DIVISION JEDEN WERTES DER SPALTE S
1500 REM DURCH DEN WERT IN SPALTE S1
1510 FOR I=1 TO Z-1
1520 REM ZEILE WIRD UEBERSPRUNGEN,
1530 REM FALLS A(I,S1)=0
1540 IF A(I,S1)=0 THEN 1560
1550 C(I,S)=A(I,S)/A(I,S1)
1560 NEXT I
1570 CLS
1580 PRINT"DIE WERTE IN DER LETZTEN SPALTE"
1590 PRINT"HABEN SICH VERAENDERT ZU :"
1600 PRINT"========================================"
1610 PRINT
1620 PRINT"ZEILE","SPALTE";S
1630 PRINT"======================"
1640 FOR I=1 TO Z
1650 PRINT I,C(I,S)
1660 NEXT I
1670 PRINT:PRINT
1680 REM BESTIMMEN DES PIVOT-ELEMENTES
1690 REM SCHRITT 2 :
1700 REM SUCHEN DER PIVOT-ZEILE
1710 PRINT"BESTIMMEN SIE DIE POSITION DES "
1720 PRINT"KLEINSTEN WERTES !"
1730 PRINT
1740 PRINT"BERUECKSICHTIGEN SIE NUR ZEILE 1 BIS";Z-1
```

```
1750 PRINT
1760 PRINT"DER WERT STEHT IN ZEILE :";
1770 INPUT Z1
1780 REM PIVOT-ELEMENT IST A(Z1,S1)
1790 REM ALLE WERTE DER PIVOT-ZEILE
1800 REM WERDEN MIT DEM KEHRWERT
1810 REM DES PIVOT-ELEMENTES MULTIPLIZIERT
1820 F=1/A(Z1,S1)
1830 FOR J=1 TO S
1840 A(Z1,J)=F*A(Z1,J)
1850 NEXT J
1860 REM LESEN SIE WEITER IN ZEILE 620
1870 RETURN
```

15.2 Minimierung

Erinnern Sie sich:

- Ein (wirtschaftliches) *Ziel* soll mit einem *Minimum* an (wirtschaftlichem) *Aufwand* erreicht werden.

Ein typisches Beispiel für ein Minimierungsproblem will ich Ihnen vorstellen.

Sie betreiben einen Schweinemastbetrieb und beziehen das Futter für die Borstenviecher von Ihrer Einkaufsgenossenschaft.
Dort können Sie zwei Sorten – A und B – von Mischfutter kaufen, die neben Ballaststoffen Substanzen enthalten, die die Tierchen möglichst schnell schlachtreif machen sollen. Es sind dies:

- *Futtermischung A*
  0.1 Kg Eiweiß   0.2 Kg Fett   0.1 Kg Kohlehydrate
- *Futtermischung B*
  0.2 Kg Eiweiß   0.1 Kg Fett   0.6 Kg Kohlehydrate

  Die Mengenangaben sind jeweils auf 1 Kg Futtermischung bezogen.
- Die Futtermischung A kostet 8.– DM/Kg
- Die Futtermischung B kostet 12.– DM/Kg

Sie verhandeln mit Ihrem Futtermittellieferanten mit folgender Zielsetzung:
Man möge Ihnen aus den beiden Mischungen A und B eine „Spezial-Mischung“ C zusammenmixen, die auf Anraten Ihres Futtermeisters enthalten soll:

- mindestens 1 Kg Eiweiß
- mindestens 0.8 Kg Fett
- mindestens 1.8 Kg Kohlehydrate

- Die neue Mischung C wünschen Sie sich zu dem günstigst möglichen Preis.

Die Preisfrage für Ihren Futterlieferanten lautet nun:

- Wieviel Kg von A und B soll er zusammenmixen, damit:
  - die oben genannten Mengen darin *mindestens* enthalten sind
  - die Mixtur C so preiswert wie möglich wird?

Er weiß es (noch) nicht, vermutet jedoch zunächst: Es werden wohl

X1 Kg von A und
X2 Kg von B werden.

Um der Antwort näher zu kommen, stellt er folgende Überlegungen an:

- Mit jedem Kg von A praktiziere ich aufgrund der Zusammensetzung von A genau 0.1 Kg Eiweiß in die neue Mischung C.

- Mit jedem Kg von B praktiziere ich aufgrund der Zusammensetzung von B genau 0.2 Kg Eiweiß in die neue Mischung C.

- Der Kunde verlangt, daß in der neuen Mischung C mindestens 1 Kg Eiweiß enthalten sind.

Also sagt er sich:

- Ich nehme X1 Kg von A
- Ich nehme X2 Kg von B

Das führt ihn zu der Ungleichung für den *Eiweißgehalt der Mischung C:*

- Eiweißgehalt/Kg von Mischung B
- X2 Kg von Mischung B
- Mindestens 1 Kg Eiweiß in der Mischung C

$$0.1*X1 + 0.2*X2 \geqslant 1$$

- X1 Kg von Mischung A
- Eiweißgehalt/Kg von Mischung A

Beachten Sie hier die $\geqslant$-Bedingung! Bei der Maximierung hatten wir $\leqslant$-Bedingungen!!

Nach diesem Geistesblitz findet er rasch:

Fettgehalt von Mischung C

$$0.2*X1 + 0.1*X2 \geqslant 0.8$$

Kohlehydratgehalt von Mischung C

$$0.1*X1 + 0.6*X2 \geqslant 1.8$$

Damit hat er drei Ungleichungen wie folgt gewonnen:

$$.1*X1 + .2*X2 \geqslant 1$$
$$.2*X1 + .1*X2 \geqslant .8$$
$$.1*X1 + .6*X2 \geqslant 1.8$$

Desgleichen gilt hier – wie in der Maximierungsaufgabe – die „Nicht-Negativitätsbedingung“.

Zur Zielfunktion überlegt sich der Lieferant Folgendes:

- Preis/Kg von Mischung B
- Menge von Mischung B

$$8 * X1 + 12 * X2 \rightarrow \text{MIN!}$$

- Menge von Mischung A
- Preis/Kg von Mischung A

Zur Lösung unseres Problems mit Hilfe der Matrizenrechnung nutzen wir den sogenannten „Dualitätssatz der linearen Programmierung“ der – verkürzt – besagt:

- Zu jeder Maximierungsaufgabe mit $\leqslant$-Bedingungen gibt es *eine* (entsprechende) Minimierungsaufgabe mit $\geqslant$-Bedingungen.
  Und umgekehrt.

Ich mache jetzt einen großen Sprung über die weitere Theorie und steige gleich in unser Programm ein.

Was haben Sie dem Programm an Daten zu bieten?

- Anzahl der Entscheidungsvariablen?
  Im Beispiel 2; nämlich die Unbekannten X1 und X2

- Anzahl der (Un-)Gleichungen?
  Im Beispiel 3; nämlich diejenigen, die wir für die Bestandteile Eiweiß, Fett und Kohlehydrate oben formuliert hatten.

- Die Koeffizienten für X1, X2 lauten:

  .1 .2
  .2 .1
  .1 .6

- Die Konstanten der drei (Un-)Gleichungen lauten:

  1
  .8
  1.8

- Die Koeffizienten der Zielfunktion lauten:

  8 , 12

Um den strengen Forderungen des zitierten „Dualitätssatzes" zu genügen, müssen wir jetzt die Matrixelemente in einer bestimmten Art und Weise in das Ausgangstableau einräumen.

Die zunächst auffälligste Operation ist:

- Wir müssen die Koeffizientenmatrix für X1, X2 „transponieren".
  Das bedeutet: Aus einer Z*S-Matrix muß eine S*Z-Matrix werden.
  - Die Koeffizienten-Matrix für X1, X2 lautet:

    .1 .2
    .2 .1
    .1 .6

    Es handelt sich also um eine 3*2-Matrix.

– Diese ist in eine 2*3-Matrix umzuwandeln, zu „transponieren“. Die transponierte Matrix sieht dann so aus:

.1	.2	.1
.2	.1	.6

Im Programm wird diese Operation in den Zeilen 210 bis 250 bewerkstelligt. Lassen Sie das Programm – Sie finden es wie üblich am Ende diesen Abschnitts – doch einmal starten!

Wenn Sie alle Fragen richtig nach unseren obigen Ansätzen beantwortet haben, werden Sie folgendes Basis-Tableau erhalten:

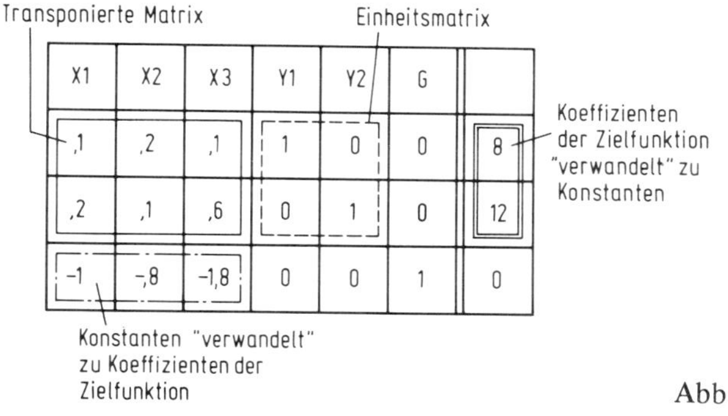

Abb. 8

Sie erkennen aus *Abb. 8* neben der transponierten Koeffizientenmatrix für X1, X2 ferner:

- Die als „Konstanten der drei (Un-)Gleichungen“ eingegebenen Werte

  1
  .8
  1.8

  sind jetzt invertiert und stehen dort im Tableau, wo bei der Maximierungsaufgabe die Koeffizienten der Zielfunktion gestanden hatten.

- Die als Koeffizienten der Zielfunktion eingegebenen Werte 8 , 12 sind in dem Feld gelandet, in dem bei der Maximierungsaufgabe die Konstanten untergebracht waren.

Das alles ist durch ein trickreiches „Einräumen" Ihrer Eingaben in die entsprechenden „Fächer" der Matrix geschehen. (Programmzeilen bis 440). Und zwar nur mit einem Ziel:

- In Anwendung des „Dualitätssatzes" die hier vorliegende Minimierungsaufgabe mit den gleichen Rechenverfahren, wie sie für die Maximierungsaufgabe gelten, zu lösen.
  Und so werden Sie in der Tat finden, daß beide Programme ab Zeile 550 *vollkommen identisch* sind.
  Weil in der letzten Zeile des Tableau's *drei* negative Werte stehen, müssen Sie jetzt *drei* Runden spielen, um zu einer optimalen Lösung zu kommen. Sie erhalten am Ende folgendes Tableau:

X1	X2	X3	Y1	Y2	G	
0	1	-1,333	6,667	-3,33	0	13,333
1	0	3,667	-3,33	6,667	0	53,333
0	0	,8	2	4	1	64

← Wert der Zielfunktion

↑ Menge von A (unter Y1) ↑ Menge von B (unter Y2)

Abb. 9

Nun zur Auswertung des Tableau's:

- Den Wert der Zielfunktion „64" finden Sie an der gewohnten Stelle.
- Unter Y1 finden Sie in der letzen Zeile den Wert „2".
  Das bedeutet:
  Ihre Mischung C enthält 2 Kg der Mischung A
- Unter Y2 finden Sie in der letzten Zeile den Wert „4".
  Das bedeutet:

  Ihre Mischung C enthält 4 Kg der Mischung B
  Damit wiegt Ihre Mischung C 2 + 4 = 6 Kg und kostet
  64/6 = 10.67 DM/Kg

Der „minimale Preis" für C liegt also zwischen dem für A = 8.– DM/Kg und dem für B = 12.– DM/Kg

- Aus dem Wert unter X3 in der letzten Zeile (.8) können Sie schließen, daß Ihre Mischung C 0.8 Kg mehr Kohlehydrate enthält als mindestens verlangt war.
  Aber das ist ja nach der Aufgabenstellung nicht verboten!

```
LINEARE PROGRAMMIERUNG
    SIMPLEX-METHODE
TEIL 2 : MINIMIERUNG


10 REM ABFRAGE UND EINGABE
20 REM DER RECHENGROESSEN
30 GOSUB 1330
40 PRINT"ANZAHL DER ENTSCHEIDUNGSVARIABLEN ?"
50 INPUT Y
60 PRINT:PRINT
70 PRINT"WIEVIELE GLEICUNGEN LIEGEN VOR ?"
80 INPUT X
90 REM DIMENSIONIEREN DER MATRIZEN
100 Z=Y+1
110 S=X+Y+2
120 DIM D(X,Y) : DIM A(Z,S)
130 GOSUB 1330
140 FOR I=1 TO X
150 PRINT"FUER DIE ZEILE ";I
160 FOR J=1 TO Y
170 PRINT"KOEFFIZIENTEN FUER X";J;" EINGEBEN !";
180 INPUT D(I,J)
190 NEXT J:NEXT I
200 REM TRANSPONIEREN DER MATRIX D(I,J)
210 REM ZU A(I,J)
220 FOR I=1 TO Y
230 FOR J=1 TO X
240 A(I,J)=D(J,I)
250 NEXT J : NEXT I
260 REM ERZEUGEN EINER EINHEITS-MATRIX
270 FOR I=1 TO Z-1
280 FOR J=X+1 TO X+Y
290 A(I,J)=0
300 NEXT J : NEXT I
310 FOR I=1 TO Z-1
320 A(I,I+X)=1
330 NEXT I
```

```
340 GOSUB 1330
350 FOR J=1 TO X
355 PRINT"FUER DIE ZEILE :";J
360 PRINT"WERT DER KONSTANTEN EINGEBEN !";
365 INPUT A(Z,J)
370 REM INVERTIEREN DER WERTE
375 A(Z,J)=-A(Z,J)
380 NEXT J
385 FOR J=X+1 TO X+Y
390 A(I,J)=0
395 NEXT J
400 A(Z,S-1)=1
405 GOSUB 1330
410 FOR I=1 TO Y
415 PRINT
420 PRINT"FUER X";I
425 PRINT"KOEFFIZIENTEN DER ZIELFUNKTION EINGEBEN !"
430 INPUT A(I,S)
435 NEXT I
440 A(Z,S)=0
445 CLS
550 PRINT"        DAS BASIS-TABLAU LAUTET :"
560 PRINT"========================================"
570 PRINT:PRINT
580 GOSUB 1210
590 PRINT:PRINT
600 REM LESEN SIE WEITER IN ZEILE 1390
610 GOSUB 1390
620 REM BEGINN DER ZEILEN-OPERATIONEN
630 REM ERKLAERUNG SIEHE TEXT !
640 IF Z1=1 THEN 690
645 FOR I=1 TO Z1-1
650 F1=-A(I,S1)
660 FOR J=1 TO S
670 A(I,J)=A(I,J)+F1*A(Z1,J)
680 NEXT J : NEXT I
690 FOR I=Z1+1 TO Z
700 F1=-A(I,S1)
710 FOR J=1 TO S
720 A(I,J)=A(I,J)+F1*A(Z1,J)
730 NEXT J : NEXT I
740 CLS
750 REM AUSGABE DER VERBESSERTEN LOESUNG
760 PRINT"      DIE VERBESSERTE LOESUNG LAUTET :"
770 PRINT"========================================"
780 PRINT:PRINT
790 GOSUB 1210
```

```
800 PRINT:PRINT
810 PRINT"PRUEFEN SIE,OB IN DER LETZTEN ZEILE"
820 PRINT"DER MATRIX NOCH NEGATIVE WERTE"
830 PRINT"ENTHALTEN SIND !"
840 PRINT
850 PRINT"IST DAS DER FALL, IST DIE LOESUNG NOCH"
860 PRINT"NICHT OPTIMAL !"
870 PRINT"================="
880 PRINT
890 PRINT"WOLLEN SIE DIE LOESUNG VERBESSERN :"
900 PRINT"DANN DRUECKEN SIE.......................1"
910 PRINT"WENN NICHT, DRUECKEN SIE...............0"
920 PRINT
930 PRINT"DANACH 'RETURN' !"
940 INPUT Q
950 IF Q=1 THEN 960 ELSE IF Q=0 THEN 1050 ELSE 940
960 CLS
970 PRINT"DIE MATRIX DER LETZTEN LOESUNG"
980 PRINT"LAUTET :...................................."
990 PRINT"=========================================="
1000 PRINT:PRINT
1010 GOSUB 1210
1020 PRINT:PRINT
1030 GOSUB 1390
1040 GOTO 640
1050 CLS
1060 PRINT"DIE MATRIX DER ENDGUELTIGEN LOESUNG"
1070 PRINT"LAUTET :...................................."
1080 PRINT"=========================================="
1090 PRINT:PRINT
1100 GOSUB 1210
1110 PRINT:PRINT
1120 PRINT"DAS MAXIMUM DER ZIELFUNKTION"
1130 PRINT"BETRAEGT..............";A(Z,S)
1140 PRINT"                          =========="
1150 PRINT
1160 PRINT"LESEN SIE NACH DER ANLEITUNG IM TEXT"
1170 PRINT"AUS DE MATRIX DIE UEBRIGEN WERTE !"
1180 END
1190 REM AUGABE-ROUTINE
1200 REM ERKLAERUNGEN SIEHE TEXT !
1210 M=0:P=4*40
1220 FOR I=1 TO Z
1230 FOR J=1 TO S
1240 B(I,J)=INT(A(I,J)*1000+.5)/1000
1250 PRINT@(M+P),B(I,J);
1260 M=M+5
```

```
1270 NEXT J
1280 P=P+40:M=0
1290 NEXT I
1300 RETURN
1310 REM UPRO FUER EINGABE-TEIL
1320 REM (UEBERSCHRIFT)
1330 CLS
1340 PRINT"     EINGABE-TEIL ZUR ERZEUGUNG DES"
1350 PRINT"          SIMPLEX - TABLEAU'S"
1360 PRINT"======================================"
1370 PRINT:PRINT
1380 RETURN
1390 REM BESTIMMEN DES PIVOT-ELEMENTES
1400 REM IN ZWEI SCHRITTEN.
1410 REM SCHRITT 1 :
1420 REM SUCHEN DER PIVOT-SPALTE
1430 PRINT"BESTIMMEN SIE DIE POSITION DES"
1440 PRINT"GROESSTEN NEGATIVEN WERTES IN"
1450 PRINT"DER LETZTEN ZEILE !"
1460 PRINT
1470 PRINT"DER WERT STEHT IN SPALTE :";
1480 INPUT S1
1490 REM DIVISION JEDEN WERTES DER SPALTE S
1500 REM DURCH DEN WERT IN SPALTE S1
1510 FOR I=1 TO Z-1
1520 REM ZEILE WIRD UEBERSPRUNGEN,
1530 REM FALLS A(I,S1)=0
1540 IF A(I,S1)=0 THEN 1560
1550 C(I,S)=A(I,S)/A(I,S1)
1560 NEXT I
1570 CLS
1580 PRINT"DIE WERTE DER LETZTEN SPALTE"
1590 PRINT"HABEN SICH VERAENDERT ZU :"
1600 PRINT"======================================"
1610 PRINT
1620 PRINT"ZEILE","SPALTE";S
1630 PRINT"===================="
1640 FOR I=1 TO Z
1650 PRINT I,C(I,S)
1660 NEXT I
1670 PRINT:PRINT
1680 REM BESTIMMEN DES PIVOT-ELEMENTES
1690 REM SCHRITT 2:
1700 REM SUCHEN DER PIVOT-ZEILE
1710 PRINT"BESTIMMEN SIE DIE POSITION DES"
1720 PRINT"KLEINSTEN WERTES !"
1730 PRINT
```

```
1740 PRINT"BERUECKSICHTIGEN SIE NUR ZEILE 1 BIS";Z-1
1750 PRINT
1760 PRINT"DER WERT STEHT IN ZEILE :";
1770 INPUT Z1
1780 REM PIVOT-ELEMENT IS A(Z1,S1)
1790 REM ALLE WERTE DER PIVOT-ZEILE
1800 REM WERDEN MIT DEM KEHRWERT
1810 REM DES PIVOT-ELEMENTES MULTIPLIZIERT
1820 F=1/A(Z1,S1)
1830 FOR J=1 TO S
1840 A(Z1,J)=F*A(Z1,J)
1850 NEXT J
1860 REM LESEN SIE WEITER IN ZEILE 620
1870 RETURN
```

16 Schlußbetrachtungen

Wenn Sie alle Aufgaben durchgearbeitet – und die Programme verstanden haben –, sind Ihre Basic-Kenntnisse um eine gehörige Portion gewachsen.
Für Leser, die mehr an der Vervollkommnung ihres Basic interessiert sind, ein paar Anregungen für weitere „Basic-Knobeleien".

- Schmücken Sie die Tableau's der beiden Optimierungsprogramme mit einer Kopfzeile für X1. . ., Y1. . ., G; damit Sie die Tableau's besser auswerten können.
- Versuchen Sie, die Programme über ein Menue:

  „Maximierung . . . . .1"
  „Minimierung . . . . .2"

  zu einem Programm zusammenzufassen. Schließlich sind beide Programme ab Zeile 550 ohnehin identisch.
- Versuchen Sie, die Programme zu „automatisieren", indem Sie die Pivot-Größen nicht mehr durch Abfrage-Eingabe in das Programm bringen, sondern durch selbständiges Suchen der Werte.
  Wie man aus einer Matrix das kleinste Element und seinen Platz in der Matrix findet, steht z. B. auf Seite 50

Den Lesern, die mehr an der Mathematik und der linearen Programmierung interessiert sind, schulde ich ein paar einschränkende Bemerkungen. Die Grundlagen für die Programme zur Optimierung habe ich der Literatur (1) entnommen. Die dort verwendeten Aufgaben waren sicher so ausgewählt, daß sie „passen" und den Studenten mit möglichst wenig Rechengängen brauchbare Ergebnisse liefern. (Die hatten keinen Computer!)

Nun müssen Optimierungsprobleme nicht immer zu so „gradlinigen" Ansätzen führen; es müssen z. B. nicht $\leqslant$ – und $\geqslant$ – Beschränkungen so sauber getrennt sein. Meist kommen beide in einem Problem vor! Als dritten „Typ“ von Beschränkungen gibt es schließlich die = -Beschränkung. Etwa dann, wenn es in einer Aufgabe heißt: Sie *müssen* von Produkt A 75 Stück herstellen, weil Sie einen festen Auftrag haben, den Sie abwickeln müssen.

Für derartige Probleme werden die vorgestellten Programme nicht zufriedenstellend arbeiten.

Wollen Sie also tiefer in dieses Spezialgebiet einsteigen, studieren Sie die Literatur (1) bis (5).

In (10) finden Sie übrigens ein Basic-Programm, das Ihnen dabei weiterhelfen wird.

17 Literatur-Verzeichnis

[1] Prof. Dr. Jochen Schwarze:
Mathematik für Wirtschaftswissenschaftler
Band 3: Lineare Algebra und lineare Programmierung
Verlag neue Wirtschaftsbriefe
Herne/Berlin

[2] Gieseking:
Wirtschafts-Grundwissen
Band 3
Gieseking Wirtschaftsverlag GmbH
Bielefeld/Köln

[3] Prof. Dr. Lothar Haberstock:
Kostenrechnung 1
Verlag Dr. Th. Gabler KG
Wiesbaden

[4] Max Woitschach/Dipl. Math. Günter Wenzel:
Lineare Planungsrechnung in der Praxis
Deva-Fachverlag Stuttgart

[5] Dr. Thomas Witte/Jörg Frieder Deppe/Axel Born:
Lineare Programmierung
Verlag Dr. Th. Gabler KG
Wiesbaden

[6] Patrick E. Mcguire:
A Gauss-Jordan Elimination Method Program
„BYTE“, August 1983, USA

[7] Alan R. Miller:
Basic Programms for Scientists and Engineers
Sybex, Berkeley / USA

[8] Siegmar Wittig:
Basic Brevier
Systematische Aufgabensammlung
Verlag Heinz Heise GmbH
Hannover

[9] Lon Poole/Mary Borchers:
77 Basic-Programms
Mc Graw-Hill Inc. / USA

[10] X. T. Bui:
Executive Planning with Basic
Sybex, Berkeley / USA

18 Lösungen zu den Übungsaufgaben

Aufgabe „Computerladen", Seite 75

Lösung:	1 Datencassette kosten	D = 10.– DM
	1 Farbband kostet	F = 7.50 DM
	Druckerpapier kostet	P = 22.– DM
	1 Fachbuch kostet	F = 20.– DM

Lösung der Koeffizienten-Matrix; Seite 79

X = 1
Y = 2
Z = 3

Übungsaufgabe 1

Gleichungssysteme:

1*T + 1*S + 1*K = 75000
0*T + 1*S – 1*K = –10000
0*T + 0*S + 3*K = 75000

Lösung:

B. Trüger schuldet	35000.– DM
L. Sorglos schuldet	15000.– DM
H. Knappkasse schuldet	25000.– DM

Übungsaufgabe 2

Gleichungssystem:

1*V + 1*K + 1*Z = 32
1*V – 4*K + 0*Z = 0
0*V – 1*K + 1*Z = 2

Lösung:

Vaseline	20 g
Kamille	5 g
Zink	7 g

Übungsaufgabe 3

Gleichungssystem:	1*A + 1*B + 1*C + 1*D = 50
	0*A + 1*B – 3*C + 0*C = 0
	2*A + 0*B + 0*C – 1*D = 0
	2*A + 3*B + 0*C + 0.75*D = 80
Lösung:	Substanz A = 10 g
	Substanz B = 15 g
	Substanz C = 5 g
	Substanz D = 20 g

Übungsaufgabe 4

Gleichungssystem:	1*A + 1*B + 1*C + 1*D = 850
	1*A + 1*B + 0*C – 1*D = 0
	1*A + 5*B + 2*C + 0*D = 1600
	0.5*A + 2.5*B + 1.4*C + 0*D = 900
Lösung:	Produkt A kostet 100.– DM
	Produkt B kostet 200.– DM
	Produkt C kostet 250.– DM
	Produkt D kostet 300.– DM

Übungsaufgabe 5

Gleichungssystem:	200*F – 20*T – 80*D = 1740
	–50*F + 120*T – 50*D = 900
	–100*F – 30*T + 205*D = 1760
Lösung:	Verrechnungspreis F = 20
	Verrechnungspreis T = 25
	Verrechnungspreis D = 22

Sachverzeichnis